豫南夏花生

高产高效栽培技术

王家润 等 主编

中国农业科学技术出版社

图书在版编目（CIP）数据

豫南夏花生高产高效栽培技术 / 王家润等主编. ——
北京：中国农业科学技术出版社，2015.1
ISBN 978-7-5116-0153-7

Ⅰ. ①豫…　Ⅱ. ①王…　Ⅲ. ①花生－高产栽培－栽
培技术－河南省　Ⅳ. ①S565.2

中国版本图书馆CIP数据核字（2014）第 291995 号

责任编辑　白姗姗
责任校对　贾海霞

出　　版　中国农业科学技术出版社
　　　　　北京市中关村南大街 12 号　　邮编：100081
电　　话　（010）82106638（编辑室）
　　　　　（010）82109702（发行部）　（010）82109709（读者服务部）
传　　真　（010）82106650
网　　址　http://www.castp.cn
经　　销　各地新华书店
印　　刷　北京富泰印刷有限责任公司
开　　本　710 mm×1 000 mm　1 / 16
印　　张　11.5　彩插4面
字　　数　200 千字
版　　次　2015 年 1 月第 1 版　2016 年 9 月第 2 次印刷
定　　价　58.00 元

前　言

　　为了使花生新品种及栽培管理、病虫草害防治技术能及时推广应用，我们组织农业科技人员编写了《豫南夏花生高产高效栽培技术》一书。该书涵盖了河南花生主要新品种、栽培管理及病虫草害防治技术的有关内容，介绍了河南花生主要新品种及特征特性，描述了河南花生的生长发育规律，介绍了豫南夏花生栽培管理及其主要病虫草害防治技术，报道了牵引型分段式花生收获机研究应用情况。本书简明扼要、通俗易懂，既有一定的理论水平，也有较强的实用价值，可以作为农业科研人员的参考书和农技推广人员指导花生生产的工具书。我们期望该著作能对今后河南花生生产的持续发展发挥更大的作用。

　　由于编者水平和时间所限，书中疏漏和错误之处，恳切希望读者提出宝贵意见，以便再版时修改。

编　者

2014年12月

目　录

第一章　花生概述

花生（*Arachis hypogaea* L.）起源于南美洲的热带、亚热带地区，属蝶形花科落花生属一年生草本植物。栽培花生是豆科（Leguminosae）花生属（*Arachis*）的一种，又名"落花生"或"长生果"，是发展中国家重要的食用植物油和蛋白质来源。

第一节　世界花生生产概况

世界生产花生的国家有100多个，亚洲最为普遍，其次为非洲。但作商品生产的仅10多个国家，主要生产国中以印度和中国栽培面积和生产量最大，前者约720万hm²*，560万t；后者为355.3万hm²，675.7万t（1985）。其他国家有塞内加尔、尼日利亚和美国等。20世纪80年代，世界花生生产格局有了较大的变化，中国和美国的花生面积逐步扩大，成为世界两大花生出口国。

一、起源和分布

1. 起源

世界上公认花生起源于南美洲、热带亚热带地区（巴西和秘鲁一带），是当地的一种古老作物。在哥伦布发现新大陆以前，印第安人已广泛种植和利用花生。在秘鲁的一些史前古墓中，已多处发现花生或用花生壳模制的陶器装饰，这些遗物的年代距今2 500~3 800年。我国最早的花生化石，于1981年发现于广西壮族自治区宾阳县邹圩乡双阳村，据有关部门的研究鉴定，认为它是更新纪初期的产物，比南美花生遗物更早。

对真正的起源需进一步考察，从这两个花生的起源地来看，它有一个共同特点，都是最早发现于亚热带，它是在温暖短日照的条件下发育起来的。

---

*　1hm²=15亩，1亩≈667m²。全书同

2. 分布

花生主要分布在南纬40°至北纬40°。以前的花生主要集中在两类地区，一类是南亚和非洲的半干旱热带，包括印度、塞内加尔、苏丹等，面积约占世界总面积的80%，总产约占65%。另一类是东亚和美洲的温带半湿润季风带，包括中国、美国、阿根廷，面积约占20%，总产约占35%。但是自20世纪90年代以来，在中国、美国等国家的栽培面积扩大和科学技术的使用，花生生产发展很快。目前中国和美国的花生出口增长很快。

二、生产概况

目前世界花生种植面积约24 000khm² （3.6亿亩），单产1 200kg / hm²（80kg / 亩左右），总产约2 880万t。世界花生基本上分布于亚洲、非洲和美洲。

亚洲种植1 347万hm²，占世界总面积的63.4%；非洲种植654万hm²，占世界面积的30.8%；美洲种植116万hm²，占世界面积的5.5%。

亚洲、非洲、美洲共占世界种植面积的99.7%，欧洲和大洋洲仅零星种植，没有形成规模化生产。

世界花生主产国有印度、中国、美国、印度尼西亚、塞内加尔、苏丹、尼日利亚、扎伊尔和阿根廷等。

印度种植面积最大，近年平均种植841万hm²，占世界总面积的39.6%，居首位；中国种植面积328万hm²，占世界面积的15.5%，居第2位；尼日利亚种植128万hm²，占世界面积的6%，居第3位。

花生单产，美国平均约3 000kg / hm²居第1位；中国平均约2 380kg / hm²，居第2位；阿根廷2 350kg / hm²，居第3位。

花生总产，中国因单产较高，总产达783万t，居世界第1位；印度虽面积最大，但因单产较低，总产772万t，居第2位；美国181万t，居第3位。

从发展速度看，20世纪90年代以来，中国花生增长最快，较80年代增长30%，年均递增率2.7%；其次是阿根廷，增长27.6%，年递增率2.3%；扎伊尔增长11.6%，年均递增率1.1%，居第3位。

第二节　中国花生生产概况

改革开放以来，我国的花生科技有了较大发展，生产水平提高很快，花生的栽培面积、单位面积产量、总产、贸易量增长显著，花生生产目的、生产与贸易格局发生了较大变化。

随着我国人口的不断增加和人民生活水平日益提高，对富含脂肪和蛋白质的食品需求快速增加，对花生生产、贸易、科技关注度逐步提高。我国是世界上最大的花生生产国和出口国：花生年种植面积达500万hm^2，占世界花生种植面积的20%，除青海以外其他省市、自治区均有花生种植，山东、河南、河北、广东、安徽、四川、江苏、辽宁等省是我国花生的主产区。我国花生平均年产量近1 500万t，占世界花生总产的40%以上，总产居油料作物之首，是重要的食用油源、食品工业的理想原料和出口创汇作物，年出口花生仁（果）、制品曾达近百万吨，占世界贸易量的47%左右，居世界第一位，花生制品深受市场欢迎。花生生产在提高农民收入、加强国家粮油食品安全和农村产业结构调整中具有重要作用。河南省是我国主要的花生生产地，年栽培面积稳定在1 500万亩左右，占全国栽培面积的1／4左右，河南省花生生产在我国花生供应方面占有重要的地位。

一、我国花生种植区划

花生在我国分布很广，从炎热的南方到寒冷的北方，各省、市、区都有种植。但花生正常发育一定的气候条件，我国北纬40°以南，年平均气候在11℃以上，生育期积温2 800℃，年降水量500~700mm的地区，其气候条件最适于花生的生长发育，尤其河南、山东及安徽等省栽培面积较大，总面积超过我国栽培面积一半以上，栽培技术较先进，该区域的花生产量也较高、品质较好。按照各花生产区的地理、气候条件以及栽培，品种类型的不同特点，全国划分为7个花生区。

1. 北方大花生区：50%
2. 南方春秋两熟花生区：31%
3. 长江流域春夏花生区：16%
4. 云贵高原花生区
5. 东北早熟花生区
6. 黄土高原花生区
7. 西北内陆花生区，以上四个区约占3%

其中前3个区合计花生面积占全国的97%，是我国花生主产区。

北方大花生区：包括山东、河北和北京市全部，河南、安徽、江苏的淮河以北地区，山西南部，陕西秦岭以北的关中渭河流域，辽宁的辽东半岛和辽西地区。全区花生面积占全国花生的50%～60%。本区盛产大花生，与纬度相近的美国弗吉尼亚—北卡罗来纳花生产区，同为世界仅有的两个大花生产区。本区山区丘陵多为春花生地膜覆盖，黄河冲积平原多为麦套花生，一年二熟。

南方春秋两熟花生区：包括广东、广西壮族自治区、海南、福建、中国台湾5省（区），以及湘、赣南部，面积约占全国的30%，为全国第二花生主产区。本区花生品种几乎全为珍珠豆型早熟中果品种，花生可一年两季，春花生3月播种7月收获，秋花生8月播种11月收获，海南岛南部还可再种一季冬花生。

长江流域春夏花生区：地处南、北两大花生区之间，包括川、鄂、湘、赣、皖、苏、浙7省的全部或大部，以及陕、豫的南部。花生是本地区仅次于油菜的油料作物。

二、我国花生生产发展历史

花生在我国的栽培历史，说法不一。多数学者认为系明末清初从国外传入才开始栽培的。因为在明代以前的农书中没有关于这一农作物栽培情况的记载；其次一般认为南美洲是花生唯一的起源地，在1492年哥伦布发现美洲大陆之前，是不可能传入中国的。20世纪50年代以来，两次出土的炭化花生种子，提供了我国远在新石器时代即已存在花生的实物资料；元朝《饮食须知》等书籍中有关花生的记载，亦证明我国远在美洲大陆发现之前即已开始栽培花生这就否定了南美洲是花生唯一的起源地，我国花生源于南美的种种说法。

我国花生生产历史悠久，早在唐代就有记载，14世纪中期，元代古人对花生的食用和药用价值研究较多，我国即已开始栽培花生，而至明末清初，栽培的规模已超过4个省份。随着20世纪我国农业的大发展，花生栽培技术研究较多，花生育种水平快速发展，品种类型较多，也较为先进。花生单产和总产一直居于国际前列。近30年，花生科技有了较大发展，生产水平提高很快，花生的栽培面积、单位面积产量、总产、贸易量增长显著，花生生产目的、生产与贸易格局发生了较大变化。

三、河南花生生产情况

河南是主要的花生生产区域，花生在河南县域经济发展和农民收入增长中起着非常重要的作用。河南是我国南北两大花生生产区的过渡带，品种类型丰富。京广线以西，沙颖河以南以种植小果型花生为主，珍珠型品种是该区域的主要栽培品种。麦垄套种、夏直播是该区主要的栽培方式；春播主要分布在丘陵旱薄地。该区域包括豫南驻马店、信阳、南阳及豫西的洛阳、三门峡。而河南省其他区域主要以大果型为主，麦垄套种是该区的主要栽培方式。黄河故道及滩区有一定的春播面积，西瓜、花生等间作套种及夏直播也有一定的面积。

夏播花生是豫南的主要秋季油料作物，亩产值高，效益好，为当地种植业最主要经济来源，常年播种面积800万亩左右，驻马店和南阳种植面积及总产量均在河南前列。豫南区域花生种植面积大，产量高，出口外向型较多，是河南省花生生产的主要区域。

第三节　花生的应用价值

花生是高油、高蛋白作物，含有丰富的纤维素和维生素，是居民烹饪用主要的食用油和饮食中主要植物蛋白质来源，又是重要的营养保健食品。花生仁含油量50%左右，出油率40%，仅次于芝麻，高于油菜、大豆、棉籽。花生油品质好、气味清香、香味纯正、淡黄透明，而且营养丰富，是居民生活不可缺少的营养品。花生一般含有20%的饱和脂肪酸，80%的不饱和脂肪酸，其中不饱和脂肪酸的油酸、亚油酸、棕榈酸是人体不可缺少的营养物质。花生的油酸和棕榈油酸含量34%～68%、亚油酸19%～43%，二者共占80%。油酸和亚油酸比率，简称O／L比率，变幅0.78～3.5。亚油酸是食品营养品质的重要指标，兼顾营养价值和耐贮藏性，O／L比率一般以1.4～2.5为宜，富含单不饱和脂肪酸的油脂有益于心脑血管健康。

1. 花生含有丰富的营养

花生含人体易消化的蛋白，可消化率92%～95%，易被人体吸收利用。花生仁蛋白质含量约30%，含有人体必需的氨基酸和维生素B_1、维生素B_6，少量维生素D、维生素E。花生蛋白质富含亮氨酸、苯丙氨酸，营养价值很高。花生碳水化合物以蔗糖和淀粉为主，在花生烘烤过程中，产生出花生特有的香味，味道鲜美，是我们非常喜爱的食品。花生可加工成各种糕点，糖果和酱菜、果茶（果奶）饮料，奶粉，酸奶酪等多种糕点甜食和多种膨化食品。

2. 花生是畜牧业的优质饲料

因其富含蛋白质和脂肪，花生饼、花生壳、花生茎叶均可做牲畜饲料。花生油粕中蛋白质含量达50%以上，是优质的饲料。花生叶片含粗蛋白约20%，茎约10%，饲料价值高，并含丰富的钙和磷。花生果壳含70%～80%纤维素，16%戊糖，10%的半纤维素，4%～7%的蛋白质，也是良好的饲用原料，在日本利用花生壳做纤维板。

3. 花生是我国主要出口的经济作物

我国花生的贸易十分活跃，进出口贸易量大。花生贸易分油用和食用两种。花生油的世界贸易量约为35万t，主要出口国为非洲一些国家和中国、美国等；主要进口国为西欧各国，如英国、法国、意大利，另有日本、东南亚各国。年食用贸易量约为120万t。其中我国的出口量增长最大，常年居世界第一，约占世界贸易的1／3。大花生出口品种主要有鲁花17、鲁花10号、豫花系列等（以果为主，O／L比率1.4左右）；小花生出口代表品种为白沙1016以及远杂系列品种（以花生米为主，O／L比率1.0左右）。

此外，在世界贸易中，食用花生的贸易量稳定上升，食用比例日趋增加。中国、美国、阿根廷形成三足鼎立的食用花生市场格局，角逐世界最大的欧洲市场。花生是我国为数不多的具有强劲国际竞争力的大宗农产品。

4. 花生利耕作、易栽培、产量高，经济效益好

花生根部着生大量的根瘤，可固定空气中氮素，据统计，花生一生中一亩可固定纯氮5~8kg，其中2／3被花生当季利用，1／3留于土壤，有培肥土地作用，是很好的前作作物。花生抗旱耐瘠，同时花生又很耐肥，适应性强，增产潜力大，春、夏花生均曾创出大面积7 500kg／hm²的高产，山东蓬莱最高产量达11 194.5kg／hm²。21世纪以来，花生果受供销因素的影响，市场价格波动较大，最高年份可达10元每千克以上，农民亩均收益可达到1 500～2 000元，是较好的经济作物。

5. 花生的药用价值

花生仁特别是红皮花生的种皮（红衣）含有大量的凝血脂类，能促进骨髓制造血小板，缩短出血、凝血时间，有良好的止血作用，已用于生产止血宁针剂、宁血糖浆、血宁片等，研制了抗血友病药剂。美国科学家从花生中发现了大量的白藜芦醇，我国从花生根中提取了白藜芦醇药物，白藜芦醇的工作进展非常迅速，对于治疗心血管疾病、抗癌等方面有重大意义；花生油中贝塔植物固醇具有养心抗癌的作用；花生中的叶酸也很多。美国卫生机构建议中老年人多吃花生制品，目的是防治早老性痴呆。另据研究，每百克花生油中锌元素含量高达8.48mg，是色拉油的37倍，菜籽油的16倍，豆油的7倍。锌是人体不可缺少的微量元素，补充锌元素能增强人体抗病能力，延缓脑

细胞和人体机能衰退。儿童多食用一些含锌丰富的食品，能增进食欲，促进身体发育和智力发育。

第四节　花生生产发展趋势

作为主要的油料和高蛋白食物，未来花生的需求空间依旧很大，未来，花生的生产发展将呈现新的特点。

一、花生总量的增加将不再是依靠扩大面积，而是依靠提高单产

在目前耕地逐步缩减的情况下，国家出于战略考虑，重点保证主粮供应，而对经济作物的调控相对弱化，因此，未来继续加大花生生产面积的可能性不大。未来花生产业的发展，将主要依赖科技，增加单产，来进一步提高我国花生的国际市场竞争力。

二、单产提高将由过去主要依靠物质投入转向依靠科技投入

花生是喜温、耐旱、耐瘠作物，适应性强，产量潜力大。地膜覆盖栽培和露地栽培是目前北方花生生产的主要种植方式。地膜覆盖既能增温保湿、改善土壤理化性状、抑制杂草生长，又能促进早苗全苗，培育壮苗，从而增加产量改善品质。

在花生主产区，花生生产常常受到徒长甚至倒伏的威胁，严重影响花生的产量和品质，目前生产上主要依靠喷施植物生长调节剂控制花生生长旺期的徒长。

三、花生生产目的将油用花生逐步向食用花生转变

在未来花生生产中，食用花生将占据越来越大的市场，油用花生生产方向将逐步转向食用为主。

四、品质成为未来花生生产的主要方向

目前我国所产花生有50%以上用做榨油，40%以上食用，5%～7%直接以花生仁出口。花生用途可归纳为油用、食用加工和出口专用3种。油用花生的品质以籽仁脂肪含量为主要指标，要求脂肪含量达55%以上，同时考虑脂肪酸组成，不饱和脂肪酸含量愈高营养价值愈高；食用花生的品质以籽仁蛋白质含量、糖分含量为蛀牙指标，要求蛋白质含量30%以上，含糖量6%以上，同时考虑低脂

肪含量；出口专用花生的品质以荚果和籽仁性状以及油酸／亚油酸比值为主要指标，大花生要求O／L值达1.6以上，小花生要求达1.2以上。

五、全程机械化生产广泛普及

随着科学技术的发展，农业机械水平将快速提高，专业的花生生产农机，已经进入市场，未来5年将有更快的发展、更新速度，以弥补未来农业劳动力大幅减少对劳动密集型花生生产的冲击。

第二章　花生的生物学基础

第一节　花生的品种类型

一、栽培花生的植物学归属

所有栽培的花生品种都属于一个染色体基数为10的异源四倍体种，大多数野生种为二倍体（2n=2x=20），栽培种及少数野生种为双二倍体（2n=4x=40）。学名*Arachis hypogaea*，中名落花生，简称花生。

在植物学分类系统中，花生属于豆科（Leguminosea Li giu. miwsi）蝶形（Papilionoideae）花亚科，合萌族（Aeschynomeneae），柱花草亚族（Stylosanthinae）花生属（*Arochis.*）花生属中栽培种只有一个，即花生。所有花生属植物的共同特征是地上开花、地下结果、花为黄色蝶形花，一体雄蕊，花萼下部伸长成花萼管。

二、栽培花生的亚种和类型

目前，世界上栽培花生种质资源约1万余份，我国2 000多份。1960年，克拉波维卡兹（Krapovickas）将花生栽培种分为密枝亚种（*Arachis hypogaea* subsp. *hypogoea*）和疏枝亚种（*Arachis hypagaea* subsp. *fastigiata* Waldron）。前者又可区分为密枝变种和茸毛变种；后者区分为疏枝变种和珍珠豆变种。1956年，我国孙大容等根据荚果形状、开花型及其他性状，将我国花生划分为以下四大类型。我国的四大类型、美国的植物学类型与之基本一致，可以通用，其对应关系见表2-1。

表2-1 花生栽培种分类系统及其对应关系

A.Krapovickas（克拉波维卡兹）分类系统		美国植物学类型	孙大容分类系统
subsp.*hypogaea* L. 密枝亚种（交替开花亚种）	Var.*hypogaea* 密枝变种	Virginia type弗吉尼亚型	普通型
	Var.*hirsuta* Kohle 多毛变种	Peruvian type秘鲁型	龙生型
subsp. *fastigiata* Waldron 疏枝亚种（连续开花亚种）	Var.*fastigiata* 疏枝变种	Valencia type瓦棱西亚型	多粒型
	Var.*vulgaris* Harz. 普通变种	Spanish type西班牙型	珍珠豆型

区分花生亚种的主要依据是花生主茎上和侧枝上营养枝和生殖枝的着生及分布状况，即开花型或分枝型不同。花生开花型分为以下两种，见下图。

1. 交替开花型

主茎上不着生生殖枝（花序），在第一、二级侧枝的基部第1～3节，只着生营养枝（分枝），不能着生花序（即不能开花）。其后的几节着生花序，以后又有几节着生营养枝，即在侧枝的节上分枝和花序交替出现。凡具交替开花型的花生品种即归为密枝亚种或交替开花亚种（subsp.*hypogaea*）。

2. 连续开花型

主茎上能发生生殖枝，在侧枝的各节上均能发生生殖枝。目前生产上应用的多数主茎开花的品种，在一级侧枝的第1～2节上发生二级分枝，以后各节均能连续开花，而在这些二级分枝上，基部第1～2节均能形成花序，亦属于连续开花型的品种，均归为疏枝亚种或连续开花亚种（subsp.*fastigiata*）。确定开花型应以主茎是否开花为主要依据。

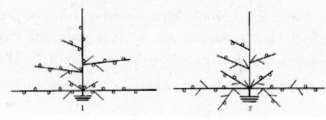

图 花生开花型
1. 连续开花型；2. 交替开花型

三、花生亚种和变种的生物学特点

1. 亚种间的差异

（1）分枝性：交替开花亚种二级枝多，能发生三级以上分枝，单株分枝数量较多（一般10条以上），故又称为密枝亚种；连续开花亚种二级分枝数少，一般无三级枝，单株分枝数量较少（一般不足10条），故又称为疏枝亚种。与分枝相应，交替开花亚种单株叶片数亦明显多于连续开花亚种。

（2）生育期：连续开花亚种始花期和盛花期明显早于交替开花亚种，而且连续开花亚种在始花后各节连续开花，开花、结果早且集中，其成熟收获期明显早于交替开花亚种。

（3）生理特性：多数交替开花亚种品种的成熟种子休眠性较强，连续开花亚种的种子休眠期很短或无；交替开花亚种对结果层土壤缺钙和干旱敏感，易出现缺钙症状，而连续开花亚种则不敏感；交替开花亚种根瘤形成早，瘤多，固氮能力强，施用氮肥的效应往往不明显，连续开花亚种则结瘤少，固氮能力弱，氮肥效应较好；交替开花亚种叶片闭合时间早，展开晚，花冠调谢时间早，叶片衰老脱落较晚，光补偿点较低。

（4）生化特点：连续开花亚种脂肪中O／L比低，通常在0.9～1.1，典型的交替开花亚种常在1.6以上；交替开花亚种叶片叶绿素含量较高，光合能力较强。

2. 变种间的差异

变种（类型）的区分主要依据荚果形态（表2-2）。

（1）普通型：相当于密枝亚种的密枝变种，即美国植物学类型的弗吉尼亚型。主要特征是交替开花；荚果为普通形，较大；果壳较厚，网纹平滑，种子2粒；花期较长，主茎不着生花；分枝性强，能生第三次分枝；生育期较长，春播145～180d；种子休眠期长，一般50d以上。

普通型花生是我国分布最广、栽培面积最大的类型，是我国出口花生的主要类型、主要分布在北方花生区和长江流域夏作花生区，多数品种果大仁大，O／L比高，适合出口，在大花生出口基地有相当面积。

（2）龙生型：相当于密枝亚种的多毛变种，即美国植物学类型的秘鲁型；主要特征为交替开花；荚果为曲棍形或驼峰形，有明显的果嘴和龙骨状突起，壳较薄、网纹深，含种子3～4粒；主茎不着生花；分枝性很强，有3次以上分枝；生育期长，春播150d以上；种子休眠期长；抗逆性强。

在世界上，主要分布在南美安第斯山脉西侧、秘鲁干旱地带以及亚洲的印度中国等地；在我国种植最早，但由于匍匐生长，分枝多、结果分散，加之果针入土深，易折断，收刨费工，成熟晚，种植面积已大为减少。但该类型花生品种抗旱耐瘠性很强，在薄沙地上产量相当稳定，所有的地区仍有相当面积种植。

（3）珍珠豆型：相当于疏枝亚种的普通变种，即美国植物学类型的西班牙型；在我国通称直立小花生（株型均为直立）。主要特征是连续开花；荚果为茧形或长葫芦形，果小仁小，果壳薄，网纹细，出米率高，含2粒种子；花期短而集中，主茎可着生花；分枝性弱，分枝少，很少有第三次分枝；生育期短，春播120~130d；种子休眠期短或无。

珍珠豆型花生生育期较短，原来主要分布在南方春秋两熟花生区和东北早熟花生区。近年来，由于耕作制度的改革和一些早熟高产中粒的珍珠豆型花生品种的选育推广，珍珠豆型花生的栽培面积扩展很快，超过了普通型，成为我国花生的主要类型。珍珠豆型在全世界分布最广，面积最大，是印度、非洲等地以及我国南方春秋花生区、淮河流域夏播花生区和东北早熟花生区的主要花生类型。代表品种有白沙1016、远杂9102、远杂9307、鲁花12号、鲁花15号和丰花2号等。

（4）多粒型：相当疏枝亚种疏枝变种，即美国植物学类型的瓦棱西亚型。主要特征为连续开花；荚果为串珠形，含3~4粒种子，果壳薄，网纹粗而浅；主茎着生花；分枝性弱，没有第三次分枝；生育期短，春播120d左右；种子休眠期短。

多粒型品种早熟或极早熟，适应东北等生育期短的地区，在山东、河南等地种植，茎枝高大易徒长，不适于密植，单株生产力不高，丰产潜力不大，目前仅在东北早熟花生区栽培较多。

（5）中间类型：20世纪70年代以来，各地利用四大类型的地方品种，采取有性杂交手段，或采取激光和原子辐射等人工诱变手段，选育出一批新品种和由此衍生的新品种成了原有四大类型品种包括不了的中间型新品种品系。由于亚种、类型之间杂交育种的大量开展，选育出许多具中间性状的品种，很难归于任一类型，暂称为中间型。其中有一类疏枝大果中熟品种，生育期介于珍珠豆型早熟品种和普通型晚熟品种之间，既适合春播，又适合麦田套种和夏直播，既能充分地利用北方花生区的光热资源，又不耽误小麦播种，产量较稳，而且果大果多，结果集中，增产潜力大。

中间型的品种有两大特点。

一是连续开花、开花量大、受精率高，双仁果和饱果指数高。荚果普通形或葫芦形，果型大或偏大。网纹浅，种皮粉红，出米率高。株型直立，中熟或早熟偏晚。

二是适应性广，丰产性好。

我国黄河流域和长江流域各省选育的高产品种，绝大多数属于中间型。

目前，生产上或科研上一般习惯地按熟性的早晚和种子的大小和株型，将花生品种分为：按生育期的长短可分为晚熟种（春播160d以上）、中熟种（春播130～160d）、早熟种（春播130d以下）。按种子的大小可分为大粒种（百仁重80g以上）、中粒种（百仁重50～80g）、小粒种（百仁重50g以下）。按花生植株的株型指数和主茎与侧枝所成的角度可将花生分为蔓生型、半蔓生型和直生型。

表2-2 花生四大类型的农艺学特点

类型		普通型	龙生型	珍珠豆型	多粒型
开花型		交替	交替	连续	连续
果形		普通形，大，多二粒荚，果嘴小—大	曲棍形，小，多三、四粒荚，果嘴大	葫芦形，中—小，大都二粒荚，果嘴小	串珠形，中，多三、四粒荚，果嘴不明显
果壳		厚，网纹浅	薄，网纹深	较薄，网纹浅	厚，网纹浅平
种子	种皮	淡红	淡褐	粉红，易生裂纹	深红，易生裂纹
	粒型	大，椭圆—长椭圆形	小，瘦长，椭圆形，三角形	中—小，短椭圆形，桃形	中，短柱形，三角形
	休眠性	强	强	弱	弱
分枝性		有直立、半直立、蔓生三种，分枝多	蔓生，分枝多，有三次以上分枝，茸毛密长	直立，分枝少	直立，分枝少，茎粗，较高大，红种皮者有花青素
株型指数		直立1.2 半蔓1.6 蔓生2～3	5.5	1.1～1.5	1.2
叶片		倒卵形，中大，色浓绿	短扇形—倒卵形，小，灰绿色，茸毛密	近圆形，较大，色淡绿	长椭圆形，大
耐旱性		强	强	较弱	较弱
对结实层土壤缺Ca反应		敏感	—	不敏感	不甚敏感
开花、成熟		中—晚	晚	早	早

第二节　花生器官的特征特性

了解花生器官的植物学特征和生物学特性以及环境条件对其生长发育的影响，从而运用栽培管理措施和化控技术来促进或抑制花生的生长发育，对于提高产量和改进品种具有重要意义。

一、营养器官的生长发育

1. 根和根瘤

（1）根的形态与功能：花生的根为直根系，由主根、侧根和许多次生细根组成。

花生根系是圆锥根系，由主根、侧根和次生侧根组成；主根入土深度最大可达2m，一般为40～50cm。

种子发芽以后，胚根迅速生长，深入土中成为主根。主根上很快长出四列呈十字状排列的一级侧根。主根有4列维管束，侧根有2～3列维管束，与主根维束相连，组成输导系统，侧根上又长出许多细根。

（2）根瘤的形态与识别：花生的根部长着许多圆形突起的瘤，叫"根瘤"。首先在主根上部和靠近主根的侧根上的根瘤较大，固氮能力较强，着生在侧根、细根上的根瘤较小，因氮能力较弱。

根瘤内含肉红色液汁的固氮能力强，内含微绿色和黑色汁的根瘤为老根瘤，已失去固氮能力。

（3）根瘤的形成和发育：花生出苗后，根系分泌一种对土壤根瘤菌有吸引力的半乳糖、糖醛酸和苹果酸等物质，吸引根瘤菌聚集到根毛附近，从根毛的尖端侵入根的皮层后大量繁殖，刺激皮层细胞畸形扩大增殖而形成的。当幼苗主茎4～5片真叶时，幼根上便逐步形成肉眼可见的根瘤，根瘤菌在根瘤内生活繁殖。

（4）根瘤菌与花生的营养关系：幼苗期，根瘤形成初期，根瘤菌的固氮能力很弱，不但不能供给花生氮素营养，还须吸收花生根系的营养来维持它的生命，因此花生幼苗期根瘤菌与花生是"寄生"关系。

开花初期，随着花生植株生长，根瘤菌的固氮能力增强，至始花后已能为花生供应较高的氮素营养，此时根瘤菌与花生成为"共生"关系。

开花盛期，至花生开花盛期结荚初期，根瘤菌固氮能力最强，是为花生提供氮素最多的时期。据测定，花生有50%～80%的氮素是根瘤菌供给的。

生育后期，根瘤破裂，根瘤菌重新回到土壤中过"腐生"生活。

这时根瘤遗留在土壤中的氮素每亩1～3.5kg，相当于硫酸铵等标准氮肥5～17.5kg，所以花生是用地养地作物。

（5）影响根瘤菌生长发育的因素：

① 氧气：根瘤菌为好气性细菌，因此需结构疏松的土壤，深耕整地、中耕松土。

② 温度：适宜根瘤菌正常活动的温度范围为18～28℃。

③ 水分：土壤田间持水量以60%～70%为宜。

④ pH值：土壤pH值以5.5～7.2为宜。

⑤ 营养元素：根瘤生长和固氮需磷、钼等元素。氮肥过多，尤其硝态氮过多，对根瘤固氮有抑制作用，但在花生生长初期，适量供氮肥，可促进幼苗生长健壮，对后期固氮有促进作用。

（6）花生根系生育规律与花生高产栽培的关系：了解掌握花生根系的生长和根瘤的形成及其生长发育规律，为我们进行科学合理的施肥提供理论依据。花生氮素来源的60%来自自身的根瘤固氮，而且花生根瘤菌固氮高峰和供氮高峰是在花生开花盛期至结果初期；生产上不能因为有根瘤固氮而不施氮肥，也不能过量施氮肥而不考虑根瘤固氮作用，甚至影响根瘤固氮，而应适时适量追施氮肥，氮素化肥以一次性基施为宜；硝态氮会明显抑制花生根瘤菌固氮，适宜于花生的氮素化肥种类为硫酸铵，尿素、碳铵，而不宜使用硝铵；花生对磷、钼元素需求相对较多，前期应多施磷、钼肥。

2. 茎和分枝

（1）茎：胚芽生长发育形成主茎，主茎直立，主茎由15～25个节组成。主茎高是花生植株特征的重要指标，它是指第一对侧枝分生处到顶叶节的长度。茎幼嫩时截面圆形，中部有髓，盛花后，主茎中上部呈棱角状，髓部中空，下部木质化，截面呈圆形。茎上生有白色茸毛，一般龙生型品种茸毛密集而短，多粒型品种茸毛多为稀长。一般认为茎上茸毛多的品种较抗旱。花生的茎色一般为绿色，老熟后变为褐色。有些品种茎上含有花青素，茎呈现部分红色。许多多粒型和龙生型品种茎呈现深浅不等的红色。

主茎的高度与品种特性和栽培条件有关，在大体一致的外界条件下，多粒型的品种主茎最高，在普通型的品种中，丛生品种显著地高于蔓生品种。

同一品种栽培条件不同主茎高度变化很大，生产上常把主茎高度作为栽培管理措施直观简易指标。对于目前大面积推广的丛生型品种来说：主茎高度＞

60cm，表明水肥过大，营养生长过旺；或者群体过大，光照不足，主茎生长过高，出现旺长，应适当加以控制，喷矮壮素、多效唑等。主茎高度40~50cm表明生长良好。主茎高度<30cm，表明生长不良，应该加强肥水管理，促进营养体的发育。

生产上应根据主茎的高度，及早采取措施防止旺长，等到出现旺长后再来控制为时已晚，生产上的经验是当主茎高度40~50cm时，茎生长点绿油油，嫩乎乎，日增长量>1cm，表现出旺长趋势时，马上采取措施加以控制。

（2）分枝：种子发芽出土后3~5d，主茎上有一片真叶展开时，（第三片真叶发出时），着生在两片子叶叶腋内的两个侧芽发育，长成第一、第二两条呈对生状态的分枝，称为第一对侧枝。

当出苗后15~20d，主茎第5、6片真叶展开时，从第1、2片真叶叶腋里分别长出第3、4条分枝，由于主茎第1、2片真叶互生节很短，第3、4条分枝分化后就像对生的一样，因此习惯称为第二对侧枝。第一、二对侧枝出现后，称花生的团棵期，当主茎第7、8片真叶展现时，第3、4片真叶叶腋已分生出第5、6个分枝，习惯叫第三对侧枝，（在大田群体的条件下有时只分生5个）。

花生是多次分枝的作物，为了加以区别。通常把主茎上出生的分枝称第一次或称一级分枝，在第一次分枝上出生的分枝称第二次分枝，依此类推。密枝亚种可有3次、4次分枝，甚至5次分枝，分枝数一般在10条以上；疏枝亚种一般没有3次以上分枝，分枝数一般5~6条。夏播花生分枝数一般少于春播花生。

花生主茎一般不开花结果，开花结果主要集中在第一、第二对侧枝及它们的次生分枝上，一般占单株结果数的80%~90%，其中第一对侧枝结果占全株的60%~70%。第二对侧枝结果占全株的10%~20%。这两对分枝不但结果数量多，而且饱果率高。因此栽培上要注意采取措施来促进第一、二对分枝健壮发育。我国常规的栽培技术就是，清棵蹲苗；高产栽培方法有地膜覆盖。因此，促进第一、第二对侧枝生长对于提高花生产量有重要意义。

（3）株型：有了分枝、便构成了一定的株型。花生第一对侧枝的平均长度与主茎高的比值称株型指数。根据花生植株的株型指数和主茎与侧枝所成的角度分为3种株型。

① 蔓生型：株型指数为2或>2，侧枝几乎近地生长，与主茎约是90°角，仅

前端直立向上生长，其长度不及葡萄部分的1/2，如龙生型品种。

② 半蔓型：株型指数约为1.5，第一对侧枝近基部与主茎约成60°角，侧枝中上部向上直立生长，直立部分大于葡萄的部分，如普通型品种。

③ 直立型：株型指数为1.1～1.2，第一对侧枝与主茎形成的角度<45°，如珍珠型、中间型等。

直立型和半蔓型一般合称丛生型。

一个品种株型比较稳定、受环境条件影响较小，不同株型的品种有着不同的结果习性，在栽培上各有其优缺点，丛生型品种株型紧凑，结果集中、收刨省工，适于密植、丰产潜力大，目前播种面积很广，占绝对优势。蔓生型品种，结果分散，收刨费劲，适于稀植，产量不高，目前种植面积较小。但蔓生型品种具有抗风、耐旱、耐瘠等优点，稳产性好，如能实现花生机械化收获取，也有一定发展前途。

3. 叶

（1）形状：花生的叶可分为不完全叶和完全叶两类。

花生的完全叶（真叶），是由托叶、叶柄、叶枕和叶片4部分构成。叶片为4个小叶片组成的羽状复叶，小叶片的形状有椭圆、长椭圆、倒卵圆和宽倒卵圆4种，这与品种的遗传性状有关。

测量品种的叶片大小和叶形时，应以成长植株的中上部为准。

叶柄，花生的叶柄细长，一般2～10cm，叶柄上面有一纵沟，基部膨大部分为叶枕，小叶片叶柄极短，基部也具有叶枕（称为小叶枕），叶枕和小叶枕是控制叶片运动的"关节"。叶枕薄壁细胞的胞膜透性随光线强弱而发生变化导致感夜运动和向阳运动。

托叶：叶柄基部有两片托叶，托叶下部与叶柄基部相连，它的形状因品种而异。可做为品种鉴别的标志之一。

不完全叶有：

① 子叶：长在主茎基部，就是两个肥大的花生瓣，是食用的主要部分。

②鳞叶：着生在每一个枝条的第一节或第一、二节或第一、二、三节上。

③ 苞叶：花序的每一节上着生一片长桃形苞叶，称外苞叶，每一朵花的最基部有一片状苞叶，叫内苞叶。

（2）功能：

① 光合性能：花生叶片的光合潜能很高。据测定，幼苗期花生的光合生产率可达每平方分米叶面积每小时同化40～51mg二氧化碳，接近玉米和超过大豆

的净光合生产率。但在实际生产上，由于受下述因素的影响，花生的光合能力变化很大。

光照强度对光合强度的影响：一般光照强度与光合强度成正比，光照强度减弱到611～815lx/m²时，叶片光合产物的合成与光合产物的呼吸消耗相抵消（即光合产物不再增加积累），上述光照强度叫作光补偿点。由补偿点逐步增加，当光照强度达到6.1万～8.2万lx/m²时，叶片停止光合作用，不再增加光合产物，这个光照强度叫光饱和点。有时在大田群体适宜条件下，当光照强度增加到10.2万lx/m²时（相当于夏季中午12时至14时晴天无云时的光强），花生群体植株叶片，仍未显示出光饱和的表现。花生虽属于C3作物，但叶片光合潜能却相当高，远远地超过某些C3作物而与一些C4作物接近。一般认为，C3作物的光饱和点比较低，但花生的光饱和点却相当高。据测定花生单叶的光饱和点为6万～8万lx，整株测定，光照强度增加到10万lx，仍未显示光饱现象。

为了充分利用光照强度，提高光合性能，制造更多的光合产物，需要创造一个合理的群体结构，形成适宜的叶面积系数。一般地，疏枝品种，叶片大，透光性差，最适叶面积系为3～4；密植品种，叶片小，透光性好，最适叶面积系数为4～5。

二氧化碳浓度对光合强度的影响：在一定范围内，叶片光合强度随空气中二氧化碳浓度的增加而增高。试验表明，当空气二氧化碳浓度为0.1%时，单株平均重量为4.02g，比空气二氧化碳浓度0.03%的植株平均重量增加88%；二氧化碳浓度达0.25%时，花生植株干物量增加到4.797g，比在二氧化碳0.03%空气中的花生植株增加124%。由此看来，增加空气中二氧化碳浓度是发挥花生增产潜力的途径之一。

气温对光合强度的影响：花生叶片进行光合作用最适宜的气温为20～25℃。气温达到30～35℃时，光合强度就明显下降。在气温不超过25℃的季节，其光合强度是上午和下午低，中午高。气温超过30℃时，中午前后，叶片蒸腾量过大，导致叶片气孔收缩或关闭，光合强度反而降低，到15时左右再回升。

土壤水分对光合强度的影响：花生对干旱有较强的适应能力。如叶片开始萎蔫时，仍能保持微弱的光合作用。已经萎蔫的花生，在吸水恢复正常后，光合作用能迅速恢复，甚至超过原来的光合强度。

叶位和叶龄对光合强度的影响：叶位和叶龄不同，光合能力也显著不同。据人工气候室测定，生长3～4周的花生植株叶片的净光合强度最高，5周后的光合能力便开始下降；播后110～140d的花生侧枝上节第3至第8叶的平均光合强度比播后80d时各相应叶位的光合强度分别降低30%和73%。同期比较，第3叶光合强度最高，比第5、第8叶的光合强度分别高92%和71%。

② 吸收作用：叶片不仅能吸收水分和CO_2进行光合作用，而且还能吸收营养元素，补充植物体内的养分，特别是生育后期，根系衰退、根瘤解体，出现早衰趋势时，应及时地进行叶面喷肥。实验证明，花生生育后期叶面喷施氮素化肥，有较高的吸收利用率，每亩喷施纯N1.25kg，花生植株的利用率达55.8%～57.2%。所以花生后期脱肥，叶面喷施氮肥有较好的增产效果。此外，微肥喷施产果也很好，如初花期喷施钼肥能明显地提高了根瘤的固氮能力。

③ 蒸腾作用：花生的叶片具有蒸腾作用，其产生的蒸腾拉力沿着叶、枝、茎、根内部的导管将根系从土壤中吸收的水分、无机盐、根系生产的有机物，源源不断的输送到花生植株的各个部位，满足花生生长发育对水分、养分的需要；同时通过水分的不断蒸腾，保持花生植株各部位温度的相对平衡，维持正常的生理活动。

（3）特性：

感夜运动：每到日落（或遇阴雨天）叶柄下垂，叶片闭合，至第二天早晨日出或晴天后又重新开放，这种昼开夜闭的现象称为"感夜运动"。引起感夜运动的外因是光线强弱的变化，而对光线刺激产生反应的部位是叶枕。叶枕上半部和下半部薄壁细胞内的膨压随光线的强弱产生相应的变化：光线弱时，膨压降低小叶闭合，叶柄下垂；光线强时，膨压升高，小叶张开，叶柄隆起。

不同类型的品种对光线的反应敏感性也有明显的差异。珍株豆型品种闭叶晚，张叶早；普通型品种闭叶早，张叶晚。由于它们对光线利用程度和时间不同，所以荚果发育速度也不一样，这也是珍珠豆型品种比普通型品种荚果饱度高的一个原因。花生小叶在高温和干旱情况下，也能自动闭合，以调节温度和增加抗旱能力。

向阳运动：花生的叶片还具有明显的向阳性。早晚阳光斜照时，植株上部叶片常竖立起来，以其正面对着太阳，并随着太阳辐射的变化，不断变化其位置。以便尽可能正面对着太阳，夏季中午高温烈日直晒时，顶部的叶又上举起来，以避免阳光直晒。这是花生对光能利用的自动调节现象。

二、生殖器官的生长发育

1. 花序和花

（1）花序：花生的花序在植物学上叫"总状花序"。花序实际上是一个变态枝，又叫生殖枝或花枝。在花序轴的每一节上，有一片苞叶，在叶腋着生一朵花。

花序类型如下。

① 短花序：有的花序轴很短，只着生1～3朵花，近似族生。

② 长花序：有的花序轴很长，着生4～7朵花，甚至10朵花以上。

③ 混合花序：有的花序上部又长出羽状复叶，不再着生花朵，变成生殖营养枝。

④ 复总状花序：有的品种在侧枝基部，有几个短花序族生在一起。

⑤ 疏枝亚种品种在子叶节侧枝基部可见好几个短花序丛生。

（2）花：

① 结构：花为大型的蝶形两性完全花，子房上位，整个花器由苞片、花萼、花冠、雄蕊和雌蕊5个部分组成。花的基部最外层为一长桃形外苞片（实际上是花序节上的苞叶），其内为一片二叉状苞片。花萼下部联合成一个细长的花萼管，上部为5枚萼片，四枚联合一枚分离。雄蕊10枚，着生在花萼管上方，花丝基部联成雄蕊管，上部分离。10枝雄蕊中有两枚退化，无花药，仅存花丝残迹，八枝发育花药，其中四个长形，四个圆形，相间排列；长形花药，三个二室，一个一室。长花药成熟早，先散粉。圆花药均为一室，极少数花有9枚花药，偶然会有10枚花药。雌蕊一个，单心皮，位于最中心，子房在花萼管底部，花柱细长，穿过花萼管和雄蕊管与花药会合，柱头顶部稍膨大，其上着生有细毛。

② 花芽分化：花生花芽分化的时间很长。第一朵花开始分化的时间很早。每一花花芽发育所需的时间为20～30d（花芽形成分化到开花），早熟品种在成熟种子或出苗前、晚熟品种在出苗时，既形成花芽源基，花芽分化需20～30d。每一个花芽分化的整个进程大致可分为8个时期：花芽原基形成期；花萼分化期；雄蕊、心皮分化期；花冠分化期；胚珠、花药分化期；大小孢母细胞形成期；雌雄生殖细胞形成期；胚囊及花粉粒成熟期。环境条件影响花芽分化，气温高，分化快；水分、营养不足，分化慢。

花生花芽分化特点：一是花芽分化早，出苗时或出苗前就分化；二是花生团棵期，花芽分化最盛，形成的花多为有效花；三是盛花后再分化的花芽多数为不结果的无效花。

当第一朵花开放时，就标志着花芽进入分化盛期，而分化盛期以前的花芽多为前期有效花。从植株形态上看，团棵期是有效花芽大量分化的关键期，因为团棵期分化的花芽为早期花芽，开花授精后，绝大多数能结饱满荚果，对产量和品质起决定性的作用；团棵后分化的花芽，中期开花，受精后部分结饱果或秕果；始花后再分化的花芽，后期开花，为无效花。

③ 开花受精：花生播种以后一般经过30～40d，主茎展开叶8～9片时即可开花。花生的花在清晨太阳升起时开放，据豫南花生产区观察，每在早晨6～8时开花，6月6时左右，7月、8月在7时左右，9月开花时间较晚，阴雨天开花时间延迟。一朵花开放从旗瓣微裂到完全张开为准，约需1h。

开花过程：幼蕾膨大，开花前一天傍晚花瓣膨大，夜间花萼管迅速伸长次日清晨开花前1～2h，花药开裂受精。开花后5～7h，花粉管达到花柱基部，开花后12～18h，完成受精。在开花前一天傍晚，萼片微裂，花萼管伸长，至夜间花萼管迅速伸长，花药接近柱头，在开花前4～5h，雄蕊即可与雌蕊接触，将花粉散出粘于柱头，即为授粉，这时花瓣还未展开，龙骨瓣还紧包花蕊，所以花生是自花授粉作物，也叫闭花授粉。授粉后花粉粒在花柱头上发芽，长成花粉管，在受粉后5～7h，花粉管即可达到花柱基部。12h左右，花粉管尖端即可进入珠孔，穿进胚囊。这时管壁破裂，放出两个精核，一个与卵细胞结合成受精卵，另一个与两个极核结合成胚乳核，这叫双受精。荚果先端的胚珠不受精的概率较多，所以花生收获时，常见到单粒荚果。开花后能受精结实的花统称有效花。

由于某些外界条件的影响，或形态或生理的原因而未能受精和不结实的花无效花。

开花顺序、开花期和开花量：

花生植株各分枝、各节位以及各花序上的花，大体按由内向外，由下向上，轮番开放或同时开放。

花生属无限开花型植物，花期很长。在大田生产上推广品种从始花到终花需60～120d。如气候条件适宜，有些品种直到收获时还零星开花。品种类型之间也有差异：珍珠豆型早熟品种（白沙1016、远杂9102）花期最短，出苗—始花需20～25d，始花—终花50～60d；普通型中熟品种（鲁花4号），花期较长，出苗—始花需25～30d，始花—终花80～90d。

花生不仅花期长，花量也多，在群体条件下，单株开花总量40～200朵。

开花量：单株开花量有由少到多，再由多变少的过程。单株开花最多的一般时间叫盛花期，习惯上叫单株盛花期。连续开花型品种在始花后15～25d可达单株盛花期；交替开花型品种在始花后20～30d可达单株盛花期。

单株盛花期是花生进入营养生长旺盛期的标志。

2. 果针

（1）果针的形成和伸长：受精后，子房基部的一部分细胞开始分裂、伸长。在开花后4～6d，即形成明显可见的子房柄。子房柄连同位于其先端的子房合称果针。

果针在入土前为绿色略带微紫色，尖端表皮木质化，形成帽状物，以保护子房入土。果针开始时略呈水平方向缓慢生长，以后渐渐弯曲，基本达垂直状态时，生长速度显著加快，在正常情况下，经4～6d便可接地入土。

果针入土的深度，一般珍珠型花生品种入土较浅，3～5cm；普通型花生品种果针入土较深，5～7cm；有些龙生型花生品种果针入土深度可达10cm以上。

不同结实节位的果针，入土深度也不同，一般是低节位的果针入土较深，高节位的果针入土较浅，甚至不能入土。

（2）特性：果针虽然是入土结实的生殖器官，但具有与根相似的吸收性能和向地生长的习性，可以弥补根系吸收水肥的不足。

（3）影响果针形成因素：花生开的花有30%～60%未能形成果针。早熟品种成针率略高，在50%～70%，晚熟品种只有30%或以下。前、中期开的花，成针率可达90%以上；而后期所开的花成针率不足10%。

影响果针形成的原因主要有：一是花器发育不良，没有正常授粉受精能力。如花萼管没有同花柱相应伸长；胚囊发育不良，无卵细胞等，这种花占很少数。二是开花时气温过高或过低。过高指大于35℃，过低指小于18℃，果针形成的最适温度为25～30℃；三是开花时空气湿度过低（<50%）。夜间相对湿度小，不利成针。据研究报导：开花期，夜间相对湿度对果针的形成影响很大。夜间相对湿度为95%的成针数约为60%时的5倍。另外，果针的伸长速度明显地受空气湿度的影响。所以花生在开花下针期，喜欢涝天，不喜欢涝地。

（4）影响果针入土的因素：一是果针的穿透力（3～4g/cm^2）。二是土壤阻力。松软沙土、易入土，黏土、板结土不易入土。三是果针的着位置。低果针易入土，高位果针不易入土，针长>10cm不易入土。

3. 荚果

（1）形态和构造：

① 形态：花生的果实叫作荚果，果壳坚硬，全身有纵横网纹，黄褐色，成熟后不自行开裂。有深浅不同的束腰，前段突出部分叫"喙"或"果嘴"。荚果的形状可分为普通形、斧头形、葫芦形、蜂腰形、蚕茧形、曲棍形、串珠形。

普通形：荚果有2室，束腰浅，果嘴后仰不明显。

斧头形：荚果多有2室，束腰深，前室平，果嘴前突，后室与前室成一拐角。

葫芦形和蜂腰形：荚果多有2室，束腰深，果嘴不突出，果形像葫芦。其中有一类，束腰很深，果嘴明显，果形稍细长，叫蜂腰形。

蚕茧形：荚果多有2室，束腰和果嘴都不明显。

曲棍形：荚果在3室以上，各室间有束腰，果壳背部形成几个龙骨突起，先端1室稍向内弯曲，似拐棍，果嘴突出如喙。

串珠形：荚果多在3室以上，各室间束腰极浅，排列像串珠。

花生荚果的大小虽与品种类型有关，但同一品种的荚果，由于气候、栽培条件、着生部位、形成先后的不同，大小重量都有很大变化。通常按品种固有形状和正常成熟荚果的百果重大小为准，分为大、中、小3种。百果重200g以上的为大果型，百果重150～200g的为中果型，百果重150g以下的为小果型。

荚果的大小通常在栽培上以随机样品的平均每千克多少荚果个数来表示。也可以以某品种典型饱满荚果的百果重（g）表示品种正常发育的荚果大小。普通型大花生的斤果数一般为350～380个；成熟良好220个／斤（1斤=0.5kg，全书同）；成熟稍差的：370～380个／斤。珍珠豆型，果小且稳定，果数一般为350～480个。白沙1016：360～480个／斤，夏播可在500个以上。

在生产上，尤其在肥力较高的条件下，果重低常常是花生产量不稳的一个重要原因。研究荚果的发育规律，提高果重已成为夺取花生高产的一项重要研究课题。

② 构造：花生荚果包括荚壳和种子两部分。荚壳是由子房壁发育而成。未成熟的新鲜荚果中，荚壳由表皮、中果皮、纤维层及内薄壁细胞层和下表皮等部分组成。未成熟荚果，外表带黄色，网纹不明显，荚果内薄壁细胞层的海绵体呈白色，包含2粒以上不饱满的种子，叫银壳果。成熟的荚果，荚壳外表发青，壳硬，网纹清楚，荚果内薄壁细胞层海绵组织由白变黑褐色，并有金属光泽，包含两粒以上的饱满种子，叫金壳果。

（2）发育进程：从果针入土、子房横卧、呈水平状膨大到荚果完全成熟的整个过程，可分为两个阶段：即荚壳膨大期和籽仁充实期。

第一阶段主要是荚果体积的增加。果针入土后7～10d，子房柄尖端即可膨大成鸡嘴状幼果，10～20d体积膨大最快，20～30d荚壳膨大到最大限度，形成了定形果。此时，荚果含水量多，内含物主要是可溶性糖，而蛋白质和脂肪很少，果壳未木质化，白色、光滑、网纹不明显，种皮很厚，种子已成棒状，无经济价值。

第二阶段是籽仁充实期。种子干物质特别是脂肪含量迅速增加，糖分减少，种子中油脂、蛋白质含量，油脂中油酸含量、油酸／亚油酸（O／L）比值逐渐提高，而游离脂肪酸、亚油酸、游离氨基酸含量不断下降。至果针入土后50～60d，籽仁干物质增加到最大限度接近停止，荚壳逐渐变厚变硬，网纹明显，种皮变薄变红，籽仁充实饱满，显出品种本色。

荚果发育的同时，种子的幼胚也随之发育。其进程大致分为原胚分裂期、组织原始体分化期、子叶分化期、子叶伸长期、真叶分化期、真叶伸长期、子叶节分枝生长期、子叶节分枝形成期等。这时已是果针入土后的35～50d，荚果已变硬，果壳变薄，胚器分化完成，虽然荚果还不太饱满，但种子已具备发芽能力。

影响荚果发育的因素：花生是地上开花地下结果的作物，其荚果发育要求的条件与其他作物相比，有很大的特殊性。主要有几个方面。

①黑暗：是子房膨大的必要条件。在生产上常见到不入土的果针只能不断伸长，但其子房始终不能膨大；有的已入土的果针，子房已开始膨大，但如果此时露出土面见光，便停止进一步发展。试验把果针伸入透明瓶中，瓶中空白，盛蒸馏水、盛自来水、盛营养液，子房都不见膨大。而将子房伸于遮光瓶中，无论其中是否有水或营养液，子房都有所膨大。实验证明子房处于黑暗环境中5～8d即开始膨大结实，而每天见光即使仅有1h，亦不能开始膨大，并且指出，不同的单色光对子房的抑制作用不同，红黄光对结实的抑制作用大于紫、蓝光。花生荚果发育过程并非都需要黑暗条件，只要在黑暗条件下发育到子叶形成期和真叶分化期（相当于果针入土后20～25d），以后即使在光照条件下，子房仍能继续发育至成熟（但见光后荚果变绿，不能进一步长大）。

②水分：实验证明，即使花生根系能吸收充足的水分，但如果结果层干燥，荚果仍不能正常发育。但不同品种可能对结果层干旱的反应有相应差别。

珍珠型品种在结荚饱果期遇干旱，叶片易萎蔫，但籽仁产量影响较小；普通型品种虽然叶片萎蔫程度较轻，但籽仁产量受到影响较严重。已经证明，结果层土壤干旱阻碍荚果发育的原因，一是影响细胞膨压，影响细胞扩大；二是结果层干旱阻碍对钙的吸收，因而常表现缺钙症状。结果层干旱影响主要是在荚果发育的前30d，30d以后不受影响。

③ 氧气：花生在荚果发育过程中生长十分迅速，物质运转、转化十分紧张，呼吸作用相当旺盛，需要大量的氧气。浸在水中或完全放在营养液中的果针，荚果发育不良。特别是种子发育受到严重抑制。此外，结果层中氧气不足亦容易导致烂果。

④ 结果层的矿质营养：不少试验证明，入土的果针和发育初期的荚果可从土壤直接吸收无机营养。实验"遮光沙加完全营养液"比"遮光、沙加蒸馏水"种子重量增加22.6%，说明结果层中矿质营养状况对荚果发育有很大作用。

现已证明，氮、磷等元素在结荚期可以由根运向荚果，但结果层缺氮或缺磷对荚果的发育有相当的影响。

钙的情况有些不同。花生果针入土后，根系吸收钙的很少运向荚果，绝大部分留于茎、叶。当结果层缺钙时，根系吸收的钙运向荚果的分量虽有所增加，但仍不能满足荚果发育的需要，以致果壳中钙的含量减少，pH值下降，淀粉含量提高，种子的发育受阻，容易出现空果（果壳正常或肥厚、种子未发育），秕果亦多。荚果对缺钙的敏感时期果针入土后10～30d，大约相当于荚果迅速膨大和种子开始迅速发育的时期。

⑤ 温度：荚果发育所需时间的长短和发育好坏与温度有密切关系。荚果发育的最低温度为15℃，高限为33～35℃，研究表明，30℃左右，入土后2d开始膨大，果重最大；15℃始终不见膨大。

⑥ 有机营养的供应情况：荚果发育的好坏归根结底取决于营养物质的供应情况。花生种子含油50%左右，脂肪是高能量的贮藏物质，生成1g油脂，需要1.72g淀粉，由此计算，形成1kg荚果约需碳水化合物1.75kg，如加上物质运转和荚果生长所消耗的能量，新需数量将要多些。在结实饱果期，有机营养供应不足或分配不协调是造成荚果发育不好的基本原因之一。

⑦ 机械刺激：机械刺激也是荚果正常发育条件之一。其他条件具备，但缺乏机械刺激的果针，只能长成畸形荚果。研究发现，黑暗与机械刺激，两者任一因素都能诱导荚果正常发育。

4. 种子

（1）形态构造与功能：花生的种子，通常称为花生仁或花生米。各品种成熟的种子外形大体有三角形、桃形、圆锥形和椭圆形4种。种子的大小在品种之间也有很大差异，通常以百仁饱满种子重量克数为标准，分为大粒种、中粒种和小粒种。百仁重80g以上的为大粒种，50～80g的为中粒种，50g以下的为小粒种。但同一品种、同一株上的荚果因坐果先后不同，种子所处位置不同，其大小也不一样。一般双室荚果中前室种子（先豆）发育晚，粒小而轻，后室种子（基豆）发育早，粒大而重。

种子由种皮、子叶、胚3部分组成。种皮由珠被发育而成，由外表皮、中间层和内表皮三部分构成。种皮的结构状况在品种之间存在一定差异，对不同品种的种子吸水速度和对黄曲霉的易感性以至加工品质都有一定影响。种皮有紫、紫红、褐红、桃红及粉红等不同颜色，包在种子最外边，主要起保护作用。包在种皮里面的是两片乳白色肥厚的子叶，也叫种子瓣，贮藏着供胚发芽出苗形成植物体所需的脂肪、蛋白质和糖类等养分，种子瓣的重量占种子的90%以上。胚又分为胚芽、胚轴、胚根3部分。胚根，象牙白色，突出于两片子叶之外，呈短喙状，是生长主根的部分。胚芽，蜡黄色，由1个主芽和2个侧芽组成，是以后长成主茎和分枝的部分。胚根上端和胚芽下端为粗壮的胚轴，种子发芽后将子叶和胚芽推向地面的胚轴上部，叫作根颈。

（2）休眠性：种子成熟后，即使立即给以适宜的生长条件，也不能正常发芽出苗，这种特性叫"休眠性"。种子休眠需要的时间叫"休眠期"。花生种子休眠期的长短，因品种而异。一般早熟品种休眠期短，为9～50d，如伏花生在收获前遇旱种子失水，再遇雨土壤温湿度适宜，就能在地里发芽而致减产。中晚熟品种休眠期长，为100～120d，据研究，种子休眠期的长短是因为种皮的障碍和胚内某些植物激素类物质的抑制作用所致。珍珠豆型和多粒型品种在休眠期，只要破除种皮障碍即可发芽，而普通型和龙生型品种在休眠期内，除破除种皮障碍外，还必须再施以某些促进剂才能打破休眠。如用乙烯利、苄氨基嘌呤等植物激素都能解除种子休眠。

目前，人工解除休眠的方法很多。化学药剂处理：乙稀利、激动素及其同类物苄氨基嘌呤等处理种子后，可以有效地增加种子乙稀含量，解除休眠。物理方法：浸种、晒种、暖种和适宜温度下催芽，亦能在一定程度上解除休眠。生产上采用播前晒果和在25～35℃下浸种催芽都能有效地解除休眠。

对于无休眠的种子（或休眠期很短）的珍珠豆型品种如何诱导种子进入休眠在生产上有很大意义。主要方法有：喷ABA；B_9在7—8月，浓度0.1%；MH_{30}（青鲜素）5 000～20 000mg/kg；饱果成熟期注意灌水防旱，保持土壤湿润。实验显示，如果成熟前长期干旱而成熟后又遇雨时，珍珠豆型品种极易在田间发芽，这可能与成熟干燥的种子中种皮阻碍的解除有关。如果荚果成熟期间始终保持温润，就很少发芽。

第三节　花生生育时期及特点

花生从播种到成熟可分为种子萌发出苗期、幼苗期、开花下针期、结荚期、饱果成熟期5个发育期。

一、种子萌发出苗期

从播种到50%的幼苗出土并展开第一片真叶，为种子萌发出苗期。

完成了休眠并且有发芽能力的种子，在适宜的条件下即能萌发。种子吸涨萌发后，胚根迅速向下生长成为主根，并能很快长出侧根，到出苗时，主根长度可达20～30cm，并能发出30多条侧根。同时子叶、下胚轴向上伸长，将子叶和胚芽推向地表。当子叶顶破土面出现裂缝后子叶见光，下胚轴停止伸长，上胚轴则开始加快生长，当第一片真叶展开即为出苗。田间植株有50%达到出苗标准即为出苗期。北方适期春播花生萌发出苗期一般需10～15d，夏播5～8d。

花生出苗特点：子叶半出土。花生子叶一般并不完全出土，但不同于碗豆等下胚轴不伸长的豆类作物，因而，常把花生称之为"子叶半出土作物"，这种特性影响了子叶叶液间第一对侧枝的分生。这就是栽培上"清棵蹲苗"的依据之一。

花生出苗期对外界条件的要求：种子发芽出苗需要的外界条件，最主要的是水分、温度和氧气。水分：花生播种需要的适宜土壤墒情为相对含水量为60%～80%。土壤相对含水量＜40%，吸水慢，萌发慢，有时发芽后落干。因此，墒情不足要造墒，墒情过湿要凉墒。温度：种子发芽的最适温度为25～37℃；发芽的低限温度：珍珠豆型和多粒型12℃；普通型和龙生型为15℃。中熟大花生品种萌发出苗约需5cm地温大于12℃的有效积温116℃。氧气：萌芽出苗期间，呼吸旺盛，需氧较多，而且需氧量随发芽天数的增加而增加。

二、苗期

从出苗到全田50%的植株开始开花为幼苗期。该期是侧枝分生、花芽分化和根系伸长的主要时期。一般北方春播花生苗期25～35d，南方春播花生的苗期30～40d。黄淮海夏播20～25d，地膜覆盖栽培缩短2～5d。

1. 花生幼苗期生育主要特点

（1）主要结果枝已经形成：出苗后，主茎第1～3片真叶很快连续出生，在第3或第4片真叶出生后，真叶出生速度明显变慢，至始花时，连续开花型品种主茎一般有7~8片真叶，交替开花型品种有9片真叶。当主茎第3片真叶展开时，第一对侧枝开始伸出；第5~6片真叶展开时，第三、四条侧枝相继生出，此时主茎已出现4条侧枝，呈十字形排列，通常称这一时期为"团棵期"（始花前10~15d）。至始花时生长健壮的植株一般可有6条以上分枝。

（2）有效花芽大量分化：到第一朵花开放时，一株花生可形成60~100个花芽，苗期分化的花芽在始花后20~30d内都能陆续开放，基本上都是有效花。

（3）根系和根瘤形成：与地上部相比苗期根系生长较快，除主根迅速伸长外，1~4次侧根相继发生，侧根条数达100~200条，深度达60cm以上。同时根瘤亦开始大量形成。

（4）营养生长为主，氮代谢旺盛。

2. 花生幼苗期对外界环境条件的要求

（1）温度：苗期长短主要受温度影响，需大于10℃有效积温300~350℃。苗期生长最低温度为14~16℃，最适温度为26~30℃。

（2）水分：花生苗期是一生最耐旱的时期，干旱解除后生长能迅速恢复，甚至超过未受旱植株。

（3）营养：对氮、磷等营养元素吸收不多，但是团棵期，由于植株生长明显加快，而种子中带来的营养已基本耗尽，根瘤尚未形成，因此，苗期适当施氮、磷肥能促进根瘤的发育，有利于根瘤菌固氮，显著促进花芽分化数量，增加有效花数。

三、开花下针期

从始花至盛花（50%的植株出现鸡头状幼果）为开花下针期（又称花针期）。南方春播花生的开花下针期221~25d；北方春播花生25~30d、夏播20~25d。此期是花生植株大量开花、下针、营养体迅速生长时期。始花指大田花生10%开花为始花；盛花指大田花生50%开花为盛花。

1. 花生花针期生育特点

① 营养器官的生长仍处于指数增长期，干物质的积累可达一生总积累量的20%~30%，有时可达40%，还未达到植株干物质积累的最盛期。

② 叶片数迅速增加，叶面积迅速增长，叶面积系数还达不到最高峰，即使在水肥较好的条件下，珍珠豆型品种叶面积系数一般不超过3，普通型丛生品种

略高于3，田间还未封垄或刚开始封垄。

③ 根系在继续伸长，同时主侧根上大量有效根瘤形成，固氮能力不断增强。

④ 开花数通常可占总花量的50%～60%，形成的果针数可达总数的30%～50%，并有相当多的果针入土。这一时期所开的花和所形成的果针有效率高，饱果率也高，是将来产量的主要组成部分。

2. 花生花针期对环境条件的要求

（1）温度：花针期大约需大于10℃有效积温290℃，适宜的日平均气温为22～28℃。北方中熟品种春播一般需25～30d，麦套或夏直播一般需20～25d；早熟品种春播需20～25d，麦套或夏直播一般需17～20d。

（2）水分：土壤干旱，尤其是盛花期干旱，不仅会严重影响根系和地上部的生长，而且显著影响开花，延迟果针入土，甚至中断开花，即使干旱解除，亦会延迟荚果形成。花针期干旱对生育期短的夏花生和早熟品种的影响尤其严重。但土壤水分超过田间持水量的80%时，又易造成茎枝徒长，花量减少。

（3）营养：开花下针期需要大量的营养，对N、P、K三要素的吸收约为总吸收量的23%～33%，这时根瘤大量形成，根瘤菌固氮能力加强，能为花生提供越来越多的氮素。硼素能保花量多，且提高受精率，果针齐，花期喷硼是争取果多、提高花生单产的重要措施。

四、结荚期

从盛花到50%以上植株出现饱果为结荚期。北方春花生该期一般35～40d，夏花生30d左右。

1. 花生结荚期生育特点

（1）这一时期，是花生营养生长与生殖生长重叠期：叶面积系数、群体光合强度和干物质积累量均达到一生中的最高峰，同时亦是营养体由盛转衰的转折期。结荚初期田间封垄，叶面积指数在结荚中期达最大（4.5～5.5），主茎约在结荚末期达最高。

（2）结荚期是花生荚果形成的重要时期：此期在正常情况下，开花量逐渐减少。大批果针入土发育成幼果和秕果，果数不断增加，该期所形成的果数占最终单株总果数的60%～70%，是决定荚果数量的时期。

2. 花生结荚期对外界环境要求

（1）水分：结荚期也是花生一生中吸收养分和耗水最多的时期，对缺水干旱最为敏感。

（2）温度：温度影响结荚期长短及荚果发育好坏。一般大果品种约需大于10℃有效积温600℃（或大于15℃有效积温400～450℃）。北方中熟大果品种约需40～45d，早熟品种30～40d，地膜覆盖可缩短4～6d。

五、饱果成熟期

从50%的植株出现饱果到大多数荚果饱满成熟，称饱果成熟期或简称饱果期，30～40天。

1. 花生饱果成熟期生育特点

① 营养生长逐渐衰退，生殖生长为主。

② 根系吸收下降，固氮逐渐停止。

③ 叶片逐渐变黄衰老脱落，叶面积迅速减少。

④ 果针数、总果数基本上不再增加，饱果数和果重则大量增加。增加的果重一般占总果重的50%～70%，是荚果产量形成的主要时期。

2. 花生饱果成熟期对环境要求

（1）温度：气温影响饱果期长短，北方春播中熟品种需40～50d，需大于10℃有效积温600℃以上，晚熟品种约需60d，早熟品种30～40d。夏播一般需20～30d。温度低于15℃荚果生长停止。

（2）水分和营养：饱果期耗水和需肥量下降，若遇干旱已无补偿能力，会缩短饱果期而减产。

第三章　花生主要新品种

一、品种名称：远杂9102

作物种类：花生

品种审定编号：国审油2002013

选育单位：河南省农业科学院棉花油料作物研究所

品种来源：白沙1016×A.chacoense

特征特性：该品种属珍珠豆型。植株直立疏枝，一般株高30～35cm，侧枝长34～38cm，总分枝8～10条，结果枝5～7条，叶片宽椭圆形，微皱，深绿色，中大。荚果茧形，果嘴钝，网纹细深，百果重165g左右。籽仁粉红色，桃形，有光泽，百仁重66g左右，出米率73.8%左右，夏播生育期100d左右。蛋白质含量24.15%左右，含油量57.4%左右。该品种高抗花生青枯病、抗叶斑病、锈病、网斑病和病毒病。

产量表现：1999—2000年参加全国花生区试，1999年平均亩产荚果247.8kg，籽仁191.5kg，分别比对照品种中花4号增产6.9%和14.5%。2000年11点平均亩产荚果271.06kg，籽仁209.5kg，分别比对照中花4号增产4.55%和12.1%。两年平均亩产荚果263.7kg，籽仁203.84kg，分别比对照中花4号增产7.17%和14.9%。

栽培技术要点：播期：6月10日左右。密度：每亩12 000～14 000穴，每穴两粒。田间管理：播种前施足底肥，生育前期及时中耕，花针期切忌干旱，生育后期注意养根护叶，及时收获。

全国品审会审定意见：该品种符合全国农作物品种审定标准要求，审定通过。该品种适宜于在河南、河北、山东、安徽等省种植。

二、品种名称：远杂9307

品种审定编号：国审油2002014

作物种类：花生

选育单位：河南省农业科学院棉花油料作物研究所

品种来源：白沙1016×（福青×A.chacoense）

特征特性：该品种属珍珠豆型品种，夏播生育期110d左右。植株直立疏枝，一般主茎高30cm左右，侧枝长约33cm，总分枝8～9条，结果枝约6.5条，单株结果数11～14个，叶片宽椭圆形，深绿色，中大。荚果茧形，果嘴钝，网纹细深，百果重182.2g左右。籽仁粉红色，桃形，有光泽，百仁重74.9g左右，出米率73.6%左右。蛋白质含量26.52%，脂肪含量54.07%。该品种高抗青枯病，抗叶斑病、网斑病和病毒病。

产量表现：2000—2001年参加全国北方片花生区试。2000年平均亩产荚果203.02kg，籽仁150.0kg，分别比对照白沙1016增产7.62%和13.94%。2001年平均亩产荚果222.41kg，籽仁163.1kg，分别比对照白沙1016增产10.29%和14.34%。两年平均亩产荚果212.71kg，籽仁156.57kg，分别比对照白沙1016增产9%和14.15%。2001年在全国花生生产试验中，平均亩产荚果248.65kg，籽仁181.49kg，分别比对照白沙1016增产10.94%和15.93%。

栽培技术要点：播期：6月10号前播种。密度：每亩12 000～14 000穴，每穴2粒为宜。田间管理：生育前中期以促为主，播种前施足底肥或苗期及早追肥，及时中耕，花针期切忌干旱，生育后期注意养根护叶，及时收获。

全国品审会审定意见：该品种符合全国农作物品种审定标准，审定通过，适于在河南、山东、河北、山西省及安徽省北部，江苏省北部种植。

三、品种名称：豫花9327

审定编号：豫审花2003002

选育单位：河南省农业科学院棉花油料作物研究所

品种来源：母本：郑8710-11，父本：郑86036-19

特征特性：属直立疏枝型，生育期110d左右，连续开花，荚果发育充分，饱果率高，主茎高33～40cm，叶片椭圆形，叶色灰绿色，较大，株型直立疏枝，结果枝数6～8条，荚果类型斧头形，前室小，后室大，果嘴略锐，网纹粗、浅，结果数每株20～30个，百果重170 g，出仁率70.4%，籽仁三角形，种皮颜色粉红色，种皮表面光滑，百仁重72g。蛋白质含量26.23%，粗脂肪含量52.31%，油酸含量40.14%，亚油酸含量36.08%。高抗网斑病，抗叶斑病、锈病、病毒病，抗旱性、耐瘠性强。

产量表现：2000年参加河南省夏播花生区域试验，平均亩产荚果214.72kg，亩产籽仁147.72kg，比对照豫花6号增产19.19%和13.94%。2001年平均亩产荚果

262.47kg，亩产籽仁190.02kg，比对照豫花6号增产14.86%和11.55%。2002年参加河南省夏播花生生产试验，平均亩产荚果282.6kg，亩产籽仁210.3kg，分别比对照种豫花6号增产13.4%和11.7%。

栽培技术要点：适宜播期：6月10日以前，每亩12 000穴左右，每穴两粒，根据土壤肥力高低可适当增减。播种前施足底肥，苗期要及早追肥，生育前期及中期以促为主，花针期切忌干旱，生育后期注意养根护叶，及时收获。

适宜地区：适宜在河南省各地种植。

四、品种名称：开农37

审定编号：豫审花2003003

选育单位：开封市农林科学研究所

品种来源：母本：豫花7号，父本：豫花1号

特征特性：属直立疏枝型，生育期115天，连续开花，荚果发育快，饱果率69.9%，主茎高43.8cm，叶色淡绿，叶片中大，结果枝数7.2个，荚果普通型，缩缢稍显，果嘴稍钝，结果数13个，百果重190.4g，出仁率73.2%，籽仁椭圆形，种皮粉红色，种皮表面光滑，百仁重79.1g。蛋白质含量25.92%，粗脂肪含量50.1%，油酸含量38.66%，亚油酸含量37.56%。高抗枯病，中抗叶斑病、锈病和网斑病。

产量表现：2000年参加河南省夏播花生区域试验，平均亩产荚果202.81kg、籽仁142.98kg，比对照品种白沙1016增产12.74%和9.85%。2001年继试平均亩产荚果260.79kg、籽仁191.98kg，比对照豫花6号增产14.12%和12.17%。2002年参加河南省夏播花生生产试验，平均亩产荚果274.8kg、籽仁205.60kg，平均比对照豫花6号增产10.30%和9.20%。

栽培技术要点：适宜播期：麦垄套种5月15—20日播种，夏直播6月5—15日播种。麦套每亩9 000～10 000穴，夏直播每亩10 000～11 000穴，每穴2粒。基肥以农家肥或氮、磷、钾复合肥为主，辅以微量元素肥料。初花期可酌情追施尿素或硝酸磷肥10～15kg／亩。该品种生育中期长势较强，高水肥地块或雨水充足时要控制旺长，将株高控制在40cm左右。花生生育期间，应注意防治蚜虫、棉铃虫等害虫为害。应适时收获，确保其优质和高产。

适宜地区：适宜在河南省各地麦套和夏直播种植。

五、品种名称：豫花9331

审定编号：豫审花2004001

选育单位：河南省农业科学院棉花油料作物研究所

品种来源：郑8236-6×鲁资101

特征特性：属中早熟类型，全生育期120d。幼茎微红色、茎绿色，叶片椭圆形、中大、浓绿色。株型直立疏枝，主茎高30~45cm，侧枝长32~50cm，总分枝6~10条，结果枝5~8条，连续开花，结果数每株15~25个。荚果为普通型，果嘴钝，网纹粗浅，果皮硬；百果重230g，籽仁椭圆形、粉红色，种皮表面光滑，百仁重86g，出仁率68.5%。

品质分析：2002年经农业部农产品质量监督检验测试中心（郑州）品质分析：籽仁蛋白质含量25.31%，粗脂肪含量52.81%，油酸含量43.8%，亚油酸含量34.1%。

抗病鉴定：2003年经河南省农业科学院植物保护研究所田间抗性调查：抗叶斑病、网斑病和病毒病，高抗锈病。抗旱性强，抗倒性好。

产量表现：2001年参加河南省麦套花生区域试验，平均亩产荚果308.3kg，亩产籽仁211.9kg，分别比对照豫花8号增产12.1%和7.8%，均达极显著水平，荚果居9个参试品种第1位，籽仁居9个品种第3位，8个试点全部增产。2002年续试，平均亩产荚果293.8kg，亩产籽仁201.3kg，分别比对照豫花8号增产11.5%和3.5%，均达极显著水平，荚果居9个参试品种第1位，籽仁居9个品种第2位，九点全部增产。两年17个试点平均亩产荚果300.6kg，亩产籽仁206.3kg，分别比对照豫花8号增产11.8%和5.5%。

2003年河南省花生生产试验，平均亩产荚果153.3kg，亩产籽仁103.3kg，分别比对照豫花8号增产14.8%和10.7%，荚果居4个参试品种第1位，籽仁居4个品种第2位。

适宜地区：适宜在河南省各地麦套或春直播种植，一般亩产荚果300kg。

栽培技术要点：播期：麦垄套种在5月20日左右；春播在4月下旬或5月上旬。密度：每亩10 000穴左右，每穴两粒，高肥水地每亩可种植9 000穴左右，旱薄地每亩可增加到11 000穴左右。看苗管理，促控结合：麦垄套种，麦收后要及时中耕灭茬，早追肥（每亩尿素15kg），促苗早发；中期，高产田块要抓好化控措施，在盛花后期或株高达35cm以上时喷施100mg/kg的多效唑，防旺长倒伏；后期应注意旱浇涝排，适时进行根外追肥，补充营养，促进果实发育充实。

六、品种名称：濮科花2号

审定编号：豫审花2004002

选育单位：濮阳市农业科学研究所

品种来源：濮8719-0-2-4×8721-0-0-1

特征特性：属中早熟类型，全生育期120d左右。茎绿色，叶椭圆形，淡绿色，叶片小。株型直立疏枝，主茎高35.9cm，侧枝长40.7cm，总分枝11条左右，结果枝6条左右，连续开花，结果数每株13个左右。荚果为普通型大果，果嘴锐，网纹粗深，百果重224.2g，籽仁椭圆、粉红色，种皮表面光滑，百仁重92.5g，出仁率73.5%。

品质分析：2002年经农业部农产品质量监督检验测试中心（郑州）品质分析：籽仁蛋白质24.78%，脂肪51.92%，油酸41.5%，亚油酸38.6%。

抗病鉴定：经河南省农业科学院植物保护研究所田间抗性调查：中抗叶斑病（0～3级），抗锈病（0级），中抗网斑病（0～2级），高抗青枯病（0级）。

产量表现：2001年参加河南省麦套花生区域试验，平均亩产荚果297.5kg，亩产籽仁216.3kg，分别比对照豫花8号增产8.2%和10.1%，均达极显著水平，荚果居9个参试品种第3位，籽仁居9点参试品种第1位，8个试点7增产1减。2002年续试，平均亩产荚果275.8kg，亩产籽仁204.8kg，分别比对照豫花8号增产4.7%和5.2%，均达极显著水平，荚果居9个参试品种第3位，籽仁居9个品种第1位，9个试点7增2减。两年17点次平均亩产荚果286.0kg，籽仁210.2kg，分别比对照豫花8号增产6.3%和7.5%。

2003年参加河南省花生生产试验，平均亩产荚果146.0kg，籽仁102.0kg，分别比对照豫花8号增产9.3%和9.5%，荚果居4个参试品种第3位，籽仁居4个品种第3位。

适宜地区：河南省各地麦套和春播种植，一般亩产荚果280kg。

栽培技术要点：麦垄套种播期5月20日左右，春播5月1日前后；麦套密度10 000穴/亩，春播密度8 000～9 000穴/亩；麦套花生麦收后应及时中耕灭茬，早追苗肥，促苗早发。高产地块，7月下旬若株高超过40cm，应及时喷施100～150mg/kg多效唑，控旺防倒。后期注意养根护叶，及时收获。

七、品种名称：郑花5号

审定编号：豫审花2004003

选育单位：郑州市农林科学研究所

品种来源：鲁花3号×P19815

特征特性：属中早熟类型，全生育期120d左右，茎绿色，叶片大椭圆形、浓绿色。株型直立疏枝，主茎高34.8cm，侧枝长39.5cm，总分枝8条左右，结果枝6条左右，连续开花，结果数每株8个左右。荚果为大果大粒形，发育快，果嘴微锐，网纹细浅。百果重223g，籽仁桃形、粉红色，种皮表面光滑，百仁重90.3g，出仁率69.2%。

品质分析：2002年经农业部农产品质量监督检验测试中心（郑州）品质分析：籽仁蛋白质含量27.39%，粗脂肪含量52.76%，油酸含量43.8%，亚油酸含量33.8%。

抗病鉴定：2003年经河南省农业科学院植物保护研究所田间抗性调查：高抗叶斑病、锈病和网斑病。

产量表现：2001年参加河南省麦套花生区域试验，平均亩产荚果308.5kg，亩产籽仁213.5kg，分别比对照豫花8号增产11.9%和8.1%，均达极显著水平，荚果和籽仁均居9个参试品种第2位，8点全部增产。2002年续试，平均亩产荚果287.6kg，亩产籽仁200.8kg，分别比对照豫花8号增产9.2%和3.2%，荚果达极显著水平，籽仁达显著水平，荚果居9个参试品种第2位，籽仁居9个品种第3位，9个试点8增1减。两年17个试点平均亩产荚果297.6kg，籽仁206.7kg，分别比对照豫花8号增产10.5%和6.2%。

2003年参加河南省花生生产试验，平均亩产荚果152.7kg，亩产籽仁105.4kg，分别比对照豫花8号增产14.4%和12.9%，荚果居4个参试品种第2位，籽仁居4个品种第1位。

适宜地区：河南省各地麦套和春播地膜覆盖种植，一般亩产荚果300kg。

栽培技术要点：播期：麦套花生5月20日左右播种。密度。麦套花生9 000～10 000穴／亩，每穴两粒种子。管理上，前促中控后补相结合。麦套花生麦收后要及时追肥，每亩尿素15kg或复合肥20kg，促苗早发；生育中期，注意防旺长倒伏，在植株长到35cm高或盛花末期喷多效唑1～2次。生育后期要旱浇涝排，及时收获，保证丰产丰收。

八、品种名称：濮科花15号

审定编号：豫审花2005001

选育单位：濮阳市农业科学研究所

品种来源：母本濮8209、父本鲁花9号。

特征特性：属中早熟类型，全生育期112d左右。幼茎绿色。叶片椭圆形，叶色淡绿，大小中等。株型直立疏枝，主茎高42.5cm，侧枝长45.2cm，总分枝

9.0条，结果枝6.9条，连续开花，单株结果数14个。普通型荚果，果嘴锐，网纹细、浅，果细小。籽仁圆锥形，种皮粉红色，内种皮橘黄色。百果重164.9g，百仁重70.9g，出仁率72.0%。2002年品质测定：蛋白质含量25.98%，粗脂肪含量51.57%，油酸含量49.80%，亚油酸含量31.80%。2005年抗性鉴定：高抗青枯病，中抗锈病、叶斑病、网斑病，未发生病毒病和枯萎病，综合抗性优于豫花6号。

产量表现：2001年参加夏播组区域试验，平均亩产荚果260.25kg、籽仁190.36kg，分别比豫花6号增产13.89%和11.75%，荚果居4个参试品种第3位，籽仁居4个参试品种第2位，荚果、籽仁均比增产达极显著水平。2002年续试，平均亩产荚果276.68kg、籽仁203.47kg，分别比豫花6号增产8.80%和5.12%，荚果居10个参试品种第1位，籽仁居10个参试品种第2位，荚果比增产达显著水平；2003年续试，平均亩产荚果170.88kg、籽仁118.41kg，分别比豫花6号增产12.70%和6.92%，荚果居9个参试品种第1位，籽仁居9个参试品种第3位，荚果、籽仁均比增产达极显著水平。2004年参加河南省夏播组生产试验，平均亩产荚果261.40kg、籽仁192.60kg，分别比豫花6号增产14.20%和13.80%，荚果居6个参试品种第3位，籽仁居6个参试品种第1位。

适宜区域：适宜河南各地夏直播种植。

栽培要点：播期：6月10日以前，趁墒早播。密度12 000穴/亩。及时中耕除草，早施追苗肥，促苗早发。高产地块，8月中旬若株高超过40cm，应及时喷施100~150mg/kg多效唑，控旺防倒。后期注意养根护叶，及时收获。

九、品种名称：周花2号

审定编号：豫审花2005002

品种来源：母本豫花7号、父本鲁花9号

选育单位：周口市农业科学研究所

特征特性：属中早熟类型，生育期113d左右。幼茎颜色微红色，茎绿色。叶椭圆，大而浓绿。株型直立疏枝，主茎高41.5cm，侧枝长45cm，总分枝8.8条左右，结果枝7.8条左右，连续开花，单株结果数13个。荚果普通型，果嘴钝，网纹浅、细；籽仁椭圆形，种皮粉红色。百果重166.4g，百仁重70.1g，出仁率69.7%。2002年品质测定：粗蛋白质含量5.14%，粗脂肪含量51.48%，油酸含量40.5%，亚油酸含量37.4%。2004年抗性鉴定：中抗叶斑病、网斑病、病毒病。

产量表现：2002年参加河南省夏播组区域试验，平均亩产荚果273.51kg、籽仁194.93kg，分别比豫花6号增产7.55%和0.70%，荚果居10个参试品种3位，籽仁居10个参试品种第4位。2003年续试,平均亩产荚果165.80kg、籽仁113.54kg,分别比豫花6号增产9.34%和2.52%,荚果居9个参试品种第3位,籽仁居9个参试品种第5位,荚果比增产达极显著水平。2004年参加河南省夏播组生产试验,平均亩产荚果262.7kg、籽仁188.9kg,分别比豫花6号增产14.8%和11.6%,荚果居6个参试品种第2位,籽仁居6个参试品种第2位。

适宜区域:适宜河南省各地夏直播种植。

栽培技术要点:6月15日前播种;每亩12 000穴,每穴两粒。苗期注意浇水,防止干旱,促苗早发;中后期注意防治病虫害,适时进行根外追肥,补充营养,促进果实发育充实。

十、品种名称:开农41

审定编号:豫审花2005003

选育单位:开封市农林科学研究所

品种来源:父本豫花1号、母本83-13

特征特性:属中早熟类型,全生育期110~115d。茎枝健壮、绿色。叶片深绿色、椭圆形,株型直立疏枝,主茎高36.4cm,侧枝长39.0cm,总分枝9条左右,结果枝7条左右,连续开花,单株结果数13个左右。荚果普通型,果嘴锐,网纹浅、细,果皮薄且坚韧。籽仁椭圆形、粉红色,有光泽;百果重164.7g,百仁重72.6g,出仁率76.6%。2002年品质测定:粗蛋白质含量23.60%,粗脂肪含量49.02%。2005年抗性鉴定:高抗青枯病,中抗叶斑病、锈病、网斑病,未发生病毒病和枯萎病,综合抗病性接近豫花6号。

产量表现:2002年参加河南省夏播组区域试验,平均亩产荚果272.91kg、籽仁210.09kg,分别比豫花6号增产7.31%和8.54%,荚果居10个参试品种第4位,籽仁居10个参试品种第1位。2003年续试,平均亩产荚果163.15kg、籽仁118.69kg,分别比豫花6号增产7.59%和7.17%,荚果居9个参试品种第5位,籽仁居9个参试品种第2位,荚果、籽仁比增产均达极显著水平。2004年参加河南省夏播组生产试验,平均亩产荚果256.1kg、籽仁188.5kg,分别比豫花6号增产11.4%和11.9%,荚果居6个参试品种第5位,籽仁居6个参试品种第3位。

适宜区域:适宜河南各地麦套和夏直播种植。

栽培技术要点:夏直播种植6月10日左右播种,每亩10 000~11 000穴,每穴2粒;麦垄套种应于5月15—20d(麦收前10~15d)播种,每亩9 000~10 000

穴，每穴2粒。基肥以农家肥和氮、磷、钾复合肥为主，辅以微量元素肥料。初花期可酌情追施尿素或硝酸磷肥10～15kg／亩。在花针期缺水，影响开花下针结果。防治病虫害：生育期间应注意防治蚜虫、棉铃虫、蛴螬等害虫为害。生育后期注意防止叶斑病、锈病等的发生。成熟后应及时收获，以免影响产量和品质。

十一、品种名称：豫花9414

审定编号：豫审花2005004

品种来源：母本郑8917-5、父本豫花7号

选育单位：河南省农业科学院棉油所

特征特性：属特用型（大果）类型，全生育期126d左右。幼茎淡红色，茎绿色。叶片较大，叶色淡绿。株型直立疏枝，主茎高35～44cm，侧枝长38～47cm，总分枝9.0条，结果枝6～8条，连续开花，单株结果数10个。普通型荚果，缩缢浅，果嘴钝。籽仁椭圆形，种皮粉红色。百果重250g，百仁重105g，出仁率68.4%。2004年品质测定：粗蛋白质含量24.78%，粗脂肪含量50.97%，油酸含量35.5%，亚油酸含量37.4%。2004年抗性鉴定：高抗病毒病，中抗叶斑病、网斑病。

产量表现：2003年参加河南省特用型花生区域试验，平均亩产荚果205.07kg、籽仁137.02kg，分别比豫花8号增产9.64%和5.84%，荚果、籽仁均居7个参试品种1位，荚果、籽仁均比增产达极显著。2004年续试，5点汇总，平均亩产荚果235.54kg、籽仁159.21kg，分别比豫花8号增产11.34%和7.61%，荚果、籽仁均居9个参试品种第1位，荚果、籽仁比增产均达极显著水平。2004年参加河南省夏播组生产试验，平均亩产荚果238.2kg、籽仁168.0kg，荚果比豫花8号增产0.7%，籽仁比豫花8号减产3.3%，荚果居3个参试品种第2位，籽仁居3个参试品种3位。

适宜区域：适宜河南各地春夏播种植。

栽培技术要点：春播在4月下旬或5月上旬，麦垄套种在5月中旬。每亩10 000穴左右，每穴两粒，高肥水地每亩可种植9 000穴左右，旱薄地每亩可增加到11 000穴左右。麦垄套种花生，麦收后要及时中耕灭茬，早追肥（每亩尿素15kg），促苗早发；中期，高产田块要抓好化控措施，在盛花后期或植株长到40cm左右时喷施100mg/kg的多效唑，防旺长倒伏；后期应注意旱浇涝排，适时进行根外追肥，补充营养，促进果实发育充实。

十二、品种名称：新花一号

审定编号：豫审花2006001

选育单位：河南省新乡市农业科学院

品种来源：用钴60对郑州86036进行辐射

特征特性：属普通类型，生育期125d。疏枝直立，交替开花。主茎高43.8cm，侧枝长49.7cm，总分枝7.5个，结果枝5.8个，单株饱果数7.3个。叶片椭圆形，淡绿色，中等偏小。荚果为普通大果形，果形较好，果嘴锐，网纹细深。三粒荚果多，百果重191.470g，饱果率58.7%，500克果数318个。籽仁椭圆形，种皮浅粉红色，百仁重73.1g，出仁率为68.6%。

抗病鉴定：2004年河南省农业科学院植物保护研究所抗性鉴定：高感网斑病（4级）、感叶斑病（6级）、中感病毒病（病株率41%）。

品质分析：2004年农业部农产品质量监督检验测试中心（郑州）品质检测：粗蛋白质25.08%，粗脂肪52.66%，油酸36.4%，亚油酸37.8%。

产量表现：2003年河南省花生品种麦套组区域试验，8点汇总，平均亩产荚果205.37kg、籽仁141.3kg，分别比对照豫花8号增产4.9%和4.21%，荚果居7个参试品种第5位，籽仁居第4位，荚果比对照增产达显著水平。2004年续试，8点汇总，平均亩产荚果261.57kg、籽仁176.85kg，分别比对照豫花8号增产10.54%和9.77%，荚果、籽仁均居9个参试品种第5位，荚果、籽仁均比对照增产达极显著水平。

2005年河南省花生品种麦套组生产试验，4点汇总，平均亩产荚果252.86kg、籽仁184.78kg，分别比对照豫花8号增产9.28%和8.7%，荚果、籽仁均居6个参试品种第1位。

适宜区域：河南各地麦套和麦后夏直播种植。

栽培技术要点：播期：麦垄套种5月15—20日，每亩9 000～10 000穴，夏直播在6月10日前，每亩10 000～11 000穴，每穴2粒。田间管理：基肥以农家肥和氮、磷、钾复合肥为主，辅以微量元素；初花期每亩可酌情追施尿素或硝酸磷肥150～225kg；忌在幼苗期漫灌；苗期看苗施肥，促苗早发；中期看苗管理，促控结合；后期养根护叶，促果保叶；注意防治病虫害。

十三、品种名称：濮科花3号

审定编号：豫审花2006002

选育单位：河南省濮阳市农业科学研究所

品种来源：濮8507×鲁花9号

特征特性：属普通类型，生育期116d。疏枝直立，连续开花。主茎高41.3cm，侧枝长45.3cm，总分枝8.0个，结果枝6.0个，单株结果数13.8个。幼茎绿色，茎绿色。叶片椭圆形，绿色，中等偏大。荚果普通型，果小，果嘴锐，网纹细、浅。百果重161.6g，饱果率66.3%，500g果数479.3个。籽仁椭圆形，种皮粉红色，内种皮橘黄色，百仁重63.8g，500g仁数960.3个，出仁率71.57%，结实性好，饱果率高。

抗病鉴定：2004年河南省农业科学院植物保护研究所抗性鉴定：中抗叶斑病（1～2级），中抗网斑病（1～2级），中抗锈病（1～2级），未发生病毒病和青枯病。

品质分析：2002年农业部农产品质量监督检验测试中心（郑州）品质检测：粗蛋白质26.12%、粗脂肪（干基）51.29%，油酸47.6%，亚油酸31.4%。

产量表现：2002年河南省花生品种夏播组区域试验，9点汇总，平均亩产荚果274.8kg、籽仁202.0kg，分别比对照豫花6号增产8.1%和4.3%，荚果居10个参试品种第2位，籽仁居第3位，荚果比对照增产达显著水平。2003年续试，8点汇总，平均亩产荚果169.6kg，籽仁119.4kg，分别比对照豫花6号增产11.9%和7.8%，荚果居10个参试品种第2位，籽仁居第1位，荚果、籽仁均比对照增产达极显著水平。

2004年河南省花生品种夏播生产试验，5点汇总，平均亩产荚果258.0kg、籽仁188.8kg，分别比对照豫花6号增产12.7%和11.2%，荚果、籽仁均居6个参试品种第4位。2005年续试，5点汇总，平均亩产荚果261.4kg、籽仁191.8kg，分别比对照豫花6号增产17.7%和15.9%，荚果、籽仁均居6个参试品种第1位。

适宜区域：河南各地夏播种植。

栽培技术要点：播期：6月10日以前播种，趁墒早播；密度：12 000穴/亩左右，每穴2粒。田间管理：以促为主，及时中耕除草，早施追苗肥，促苗早发；高产地块，8月中旬株高超过40cm，应及时喷施100～150mg/kg多效唑，控旺防倒；后期注意养根护叶，及时收获。

十四、品种名称：开农白2号

审定编号：豫审花2006004

选育单位：开封市农林科学研究所

品种来源：海花一号诱变后系选

特征特性：属特用类型，全生育期125d左右。直立疏枝，连续开花。主茎高32.9cm，侧枝长38.6cm，总分枝10.0个，结果枝6.0条，单株饱果数7.2个。叶片长椭圆形，淡绿色，较大。荚果普通型，果嘴微尖，网纹粗、浅，果皮硬，百果重177.9g，饱果率62.3%；籽仁圆锥形，种皮白色、有光泽，百仁重69.4g，500g仁数400个，出仁率62.1%。

抗病鉴定：2004年河南省农业科学院植物保护研究所抗性鉴定：高抗花生网斑病（1级），高抗叶斑病（2级），高抗病毒病（病株率8%）。

品质分析：2004年农业部农产品质量监督检验测试中心（郑州）品质检测：粗蛋白质23.25%，粗脂肪53.01%，油酸35.8%，亚油酸38.2%。

产量表现：2003年河南省花生品种特用型组区域试验，5点汇总，平均亩产荚果166.7kg，籽仁98.3kg，分别比对照豫花8号减产10.9%和24.1%，荚果、籽仁均居7个参试品种末位，比对照减产极显著。2004年续试，5点汇总，平均亩产荚果217.5kg，籽仁132.6kg，荚果比对照豫花8号增产2.8%，籽仁比对照豫花8号减产10.4%，荚果居9个参试品种第4位，籽仁居第8位，荚果比对照增产不显著，籽仁比对照减产极显著。

2005年河南省花生品种夏播组生产试验，5点汇总，平均亩产荚果252.1kg，籽仁167.0kg，分别比对照豫花6号增产3.6%和0.9%，荚果居6个参试品种第2位，籽仁居第3位。

适宜区域：河南各地春播、麦套及夏直播种植。

栽培技术要点：播种：春播一般在4月下旬或5月上旬播种，密度8 000～9 000穴／亩；麦套种植一般在5月5—15日播种，种植密度为9 000～10 000穴／亩；夏直播种植应于6月10日前播种，种植密度为10 000～11 000穴。田间管理：在耕地前每亩撒入农家肥2m³（土圈粪、人粪尿在施入前要充分腐熟）、尿素15kg、过磷酸钙50kg；花生始花期和果针入土前，结合下雨或浇水，分别追施尿素10～15kg／亩；切忌在幼苗期漫灌；注意防治花生锈病、蚜虫、蛴螬等虫的为害。

十五、品种名称：豫花黑1号

审定编号：豫审花2006003

选育单位：河南省农业科学院棉花油料作物研究所

品种来源：豫花15号系统选育

特征特性：属特用类型，生育期128d左右。植株直立，连续开花，花为橘黄色。主茎高41~54m，侧枝长41~62cm，总分枝8~10个，单株结果12~20个。幼茎淡绿色，茎绿色。叶片长椭圆形，中等偏小，苗期心叶呈淡红色。普通荚果，果嘴钝，网纹细、深，果皮硬，百果重169.7g，500g果数451个，饱果率56.3%。籽仁椭圆形，种皮黑紫色、有光泽，百仁重63.8g，500g仁数1 120个。

抗病鉴定：2004年经河南省农业科学院植物保护研究所抗性鉴定：高抗花生网斑病（1级），中抗叶斑病（3级），高抗病毒病（病株率4%）。

品质分析：2004年农业部农产品质量监督检验测试中心（郑州）品质检测：粗蛋白质24.91%，粗脂肪52.39%，油酸36.2%，亚油酸35.8%。

产量表现：2003年河南省花生品种特用型组区域试验，5点汇总，平均亩产荚果172.9kg，籽仁100.7kg，分别比对照豫花8号减产7.6%和22.2%，荚果、籽仁均居7个参试品种第6位，比对照减产极显著。2004年续试，5点汇总，平均亩产荚果204.1kg，籽仁118.08kg，荚果比对照豫花8号减产3.5%，籽仁比对照豫花8号减产20.2%，荚果、籽仁均居9个参试品种末位，荚果、籽仁比对照豫花8号减产不显著。

2005年河南省花生品种夏播组生产试验，5点汇总，平均亩产荚果222.5kg，籽仁141.5kg，荚果比对照豫花6号增产0.2%，籽仁比对照减产14.5%，荚果居6个参试品种第4位，籽仁居6个参试品种末位。

适宜区域：适宜河南省各地春播或麦垄套种种植。

栽培技术要点：播种：春播在4月下旬或5月上旬；麦垄套种在5月20日左右；每亩10 000穴左右，每穴两粒，高肥水地每亩可种植9 000穴左右，旱薄地每亩可增加到11 000穴左右；足墒播种，播种深度一般不超过5cm，以保证一播全苗。田间管理：麦垄套种花生，麦收后要及时中耕灭茬，早追肥（每亩尿素15kg），促苗早发；中期，高产田块要抓好化控措施，在盛花后期或植株长到35cm以上时喷施100mg/kg的多效唑，防旺长倒伏；后期应注意旱浇涝排，适时进行根外追肥，补充营养，促进果实发育充实。

十六、品种名称：远杂9614

审定编号：豫审花2006005

选育单位：河南省农业科学院棉花油料作物研究所

品种来源：远杂9102×豫花11号

特征特性：属普通类型，生育期128d左右。植株直立，连续开花，花为橘黄色。主茎高43cm左右，侧枝长48cm左右，总分枝8~10条，单株结果10~17个。幼茎淡红色，茎绿色。叶片椭圆形，浓绿色，中等大小。荚果普通大果形，果嘴钝，网纹粗、深，缢缩浅。百果重207.1g，饱果率60.2%，500g果数320个。籽仁桃形，种皮粉红色、有光泽，百仁重87.4g，500g仁数703个，出仁率69.0%。荚果大，籽粒饱满，饱果率高。

抗病鉴定：2004年河南省农业科学院植物保护研究所抗性鉴定：中抗花生网斑病（2级），中抗叶斑病（4级），高抗病毒病（病株率为9%）。

品质分析：2004年农业部农产品质量监督检验测试中心（郑州）品质检测：粗蛋白质26.34%，粗脂肪50.93%，油酸34.6%，亚油酸36.2%。

产量表现：2003年河南省花生品种特用型组区域试验，5点汇总，平均亩产荚果185.0kg，籽仁124.9kg，分别比对照豫花8号减产1.1%和3.5%，荚果、籽仁均居7个参试品种第3位，比对照减产不显著。2004年续试，5点汇总，平均亩产荚果216.4kg，籽仁147.1kg，荚果比对照豫花8号增产2.30%，籽仁比对照豫花8号减产0.58%，荚果居9个参试品种第5位，籽仁居第4位，荚果、籽仁比对照增、减产不显著。

2004年河南省花生品种特用型组生产试验，5点汇总，亩产荚果243.2kg，比对照豫花8号增产2.8%，籽仁168.1kg，比对照减产3.2%，荚果居3个参试品种第1位，籽仁居第2位。2005年参加河南省麦套组生产试验，4点汇总，平均亩产荚果248.25kg，籽仁172.56kg，分别比对照豫花8号增产7.28%和1.52%，荚果居6个参试品种第2位，籽仁居第3位。

适宜区域：河南省各地春播或麦垄套种种植。

栽培技术要点：播种：春播在4月下旬或5月上旬；麦垄套种在5月20日左右；播种深度一般不超过5cm。每亩10 000穴左右，每穴两粒，高肥水地每亩可种植9 000穴左右，旱薄地每亩可增加到11 000穴左右。田间管理：麦垄套种花生，麦收后要及时中耕灭茬，早追肥（每亩尿素15kg），促苗早发；中期，高产田块要抓好化控措施，在盛花后期或植株长到35cm以上时喷施100mg/kg的多效唑，防旺长倒伏。

十七、品种名称：豫花9326

审定编号：豫审花2007005

选育单位：河南省农业科学院经济作物研究所

品种来源：豫花7号×郑86036-19

特征特性：直立疏枝，生育期130d左右。叶片浓绿色、椭圆形、较大。连续开花，株高39.6cm，侧枝长42.9cm，总分枝8~9条，结果枝7~8条，单株结果数10~20个。荚果为普通型，果嘴锐，网纹粗深，籽仁椭圆形、粉红色，百果重213.1g，百仁重88g，出仁率70%左右。

抗病鉴定：2003—2004年河南省农业科学院植物保护研究所抗性鉴定：网斑病发病级别为0~2级，抗网斑病（按0~4级标准）；叶斑病发病级别为2~3级，抗叶斑病（按1~9级标准）；锈病发病级别为1~2级（按1~9级标准），高抗锈病；病毒病发病级别为2级以下，抗病毒病。

品质分析：2004年农业部农产品质量监督检验测试中心（郑州）检测：籽仁蛋白质22.65%，粗脂肪56.67%，油酸36.6%，亚油酸38.3%。

产量表现：2002年全国北方区区域试验，平均亩产荚果301.71kg、籽仁211.5kg，分别比对照鲁花11号增产5.16%和0.92%，荚果、籽仁分别居9个参试品种第2、第4位。2003年继试，平均亩产荚果272.1kg、籽仁189.1kg，分别比对照鲁花11号增产7.59%和7.43%，荚果、籽仁分别居9个参试品种第2、第3位；2004年全国北方区花生生产试验，平均亩产荚果308.0kg，籽仁212.8kg，分别比对照鲁花11号增产12.7%和11.2%，荚果、籽仁分别居3个参试品种的第1、第2位。

2006年省生产试验，平均亩产荚果280.81kg、籽仁192.73kg，分别比对照豫花11号增产8.59%和5.65%，荚果、籽仁分别居7个参试品种第2、第4位。

适宜地区：全省各地种植。

栽培技术要点：播期：麦垄套种5月20日左右；春播在4月下旬或5月上旬。密度：10 000穴/亩左右，每穴两粒，高肥水地可种植9 000/亩穴左右，旱薄地可增加到11 000穴/亩左右。田间管理：麦收后要及时中耕灭茬，早追肥（每亩尿素15kg），促苗早发；高产田块要抓好化控措施，在盛花后期或植株长到35cm以上时喷施100mg/kg的多效唑，防旺长倒伏；后期应注意旱浇涝排，适时进行根外追肥，补充营养，促进果实发育充实。

十八、品种名称：豫花9502

审定编号：豫审花2007002

选育单位：河南省农业科学院经济作物研究所

品种来源：豫花11号×豫花15号

特征特性：疏枝直立，生育期115d左右。叶片椭圆形，浓绿色，主茎高

45.4cm。连续开花，总分枝6~10条，结果枝5~7条，单株结果数10~20个。荚果为普通型，果嘴微锐，网纹细略深，缩缢不明显。籽仁椭圆形、粉红色，无光泽，百果重180.6g，百仁重74.4g，出仁率68.0%。

抗病鉴定：2004年河南省农业科学院植物保护研究所抗性鉴定：网斑病发病级别为2级，中抗网斑病（按0~4级标准）；叶斑病发病级别为4级，中抗叶斑病（按1~9级标准）；病毒病发病率为22%，中抗病毒病。2005年鉴定：网斑病发病级别为2级，中抗网斑病（按0~4级标准）；叶斑病发病级别为4级，中抗叶斑病（按1~9级标准）；病毒病发病率为21%，中抗病毒病。

品质分析：2006年农业部农产品质量监督检验测试中心（郑州）检测：籽仁蛋白质21.87%，粗脂肪53.48%，油酸39%，亚油酸38.6%。

产量表现：2004年省夏播组区域试验，平均亩产荚果228.65kg、籽仁157.66kg，分别比对照豫花6号增产5.44%和3.08%，荚果、籽仁分别居9个参试品种第3、第4位。2005年继试，平均亩产荚果245.28kg、籽仁165.96kg，分别比对照豫花6号增产15.68%和10.13%，荚果、籽仁分别居9个参试品种第1、第2位。

2006年省生产试验，平均亩产荚果255.73kg、籽仁181.4kg，分别比对照豫花6号增产9.83%和8.29%，荚果、籽仁均居3个参试品种第2位。

适宜地区：全省各地种植。

栽培技术要点：播期：麦垄套种在麦收前15天，夏播在6月10日前播种为宜。密度：10 000~12 000穴/亩，每穴2粒。田间管理：播种前施足底肥，苗期要及早追肥，前中期以促为主，花针期切忌干旱，生育后期注意养根护叶，及时收获。

十九、品种名称：郑农花7号

审定编号：豫审花2007003

选育单位：郑州市农林科学研究所

品种来源：8636-96M×82105-2-4

特征特性：疏枝直立，全生育期125d左右。叶片淡绿色，椭圆形，中等偏小。主茎高47.5cm，侧枝长50.75cm，总分枝8.9条。连续开花，结果枝6.3条。荚果普通型，果嘴锐，果大、长，网纹粗、较深，缩缢明显。籽仁椭圆形，种皮粉红色，内种皮白色带有黄斑，百果重224.1g，百仁重90.1g，出仁率68.6%。

抗病鉴定：2005年河南省农业科学院植物保护研究所抗性鉴定：网斑病发病级别为3级，感网斑病（按0～4级标准）；叶斑病发病级别为6级，感叶斑病（按1～9级标准）；病毒病发病率为25%，中抗病毒病。2006年鉴定：网斑病发病级别为3级，感网斑病（按0～4级标准）；叶斑病发病级别为7级，感叶斑病（按1～9级标准）；锈病发病级别为3级，高抗锈病（按1～9级标准）；病毒病发病率为20%，抗病毒病；根腐病发病率为25%，感根腐病。

品质分析：2006年农业部农产品质量监督检验测试中心（郑州）检测：籽仁蛋白质22.23%，粗脂肪56.34%，油酸39.4%，亚油酸38.0%。

产量表现：2005年省麦套组区域试验，平均亩产荚果281.78kg、籽仁185.21kg，分别比对照豫花11号增产12.75%和5.83%，荚果、籽仁分别居11个参试品种第2、第5位。2006年继试，平均亩产荚果316.03kg、籽仁216.35kg，分别比对照豫花11号增产8.54%和0.58%，荚果、籽仁分别居11个参试品种第3、第4位。

2006年省生产试验，平均亩产荚果280.67kg、籽仁197.34kg，分别比对照豫花11号增产8.53%和8.17%，荚果、籽仁分别居7个参试品种第3、第2位。

适宜地区：全省春播或麦套种植。

栽培技术要点：播期：春播花生4月20日至5月10日，麦套花生5月20日左右。麦套花生遇雨要抢墒播种。密度：春播9 000～10 000穴/亩，麦套10 000～11 000穴/亩，每穴2粒。田间管理：春播地膜花生在出苗后要及时扣膜覆土；麦套花生以促为主，早施追苗肥，促苗早发。初花期亩追尿素10kg，过磷酸钙25～30kg，硫酸钾10kg；花期结合培土迎针，亩施石膏粉20～30kg，提高饱果率；盛花期和下针结荚期，遇旱及时浇水，以利荚果膨大；高产地块出现株高超过40cm徒长现象，可喷施多效唑，防止旺长倒伏。病虫害防治：苗期蚜虫可用50%氧化乐果1 000倍液进行叶面喷施。地下害虫蛴螬、金针虫发生严重的地块，除在耕作上进行轮作倒茬外，在培土迎针时用5%辛硫磷颗粒剂，每亩10kg，与细土拌匀顺垄撒在植株附近，撒后中耕培土。

二十、品种名称：开农49

审定编号：豫审花2007006

选育单位：开封市农林科学研究所

品种来源：豫花7号×P372

特征特性：直立疏枝，生育期128d。叶深绿色、椭圆形。主茎高

44.2cm，侧枝长49.7cm，总分枝8.8条。连续开花，结果枝6.3条，单株饱果数8.5个。荚果为普通型，缩缢浅，果嘴微锐，网纹细、浅，果皮薄且坚韧。籽仁为椭圆形，粉红色，内种皮橘黄色，百果重191.03g，百仁重74.8g，出仁率70.4%。

抗性鉴定：2005年河南省农业科学院植物保护研究所抗性鉴定：网斑病发病级别为2级，中抗网斑病（按0～4级标准）；叶斑病发病级别为3级，中抗叶斑病（按1～9级标准）；病毒病发病率为8%，高抗病毒病。

品质分析：2006年农业部农产品质量监督检验测试中心（郑州）检测：籽仁蛋白质22.99%，粗脂肪53.64%，油酸46.8%，亚油酸32.1%。

产量表现：2004年省麦套组区域试验，平均亩产荚果266.03kg、籽仁184.26kg，分别比对照豫花8号增产12.43%和14.374%，分居9个参试品种第4、第2位。2005年继试，平均亩产荚果278.25kg、籽仁196.45kg，分别比对照豫花11号增产11.34%和12.25%，荚果、籽仁分别居11个参试品种第4、第1位。

2006年省生产试验，平均亩产荚果282.74kg、籽仁202.54kg，分别比对照豫花11号增产9.33%和11.02%，荚果、籽仁均居7个参试品种第1位。

适宜地区：全省各地春播、麦套及夏直播种植。

栽培技术要点：播期：春播应在4月中下旬播种；麦垄套种应于5月15—20日（麦收前10～15d）播种；夏直播种植应在6月10日左右播种。密度：春播8 500～9 500穴/亩，每穴2粒；麦垄套种9 000～10 000穴/亩，每穴2粒；夏直播10 000～11 000穴/亩，每穴2粒。田间管理：基肥以农家肥和氮、磷、钾复合肥为主，辅以微量元素肥料。初花期可酌情追施尿素或硝酸磷肥10～15kg/亩。苗期一般不浇水，花针期、结荚期干旱时及时浇水；注意防治蚜虫、棉铃虫、蛴螬等害虫为害。

二十一、品种名称：驻花一号

审定编号：豫审花2007001

选育单位：河南省驻马店市农业科学研究所

品种来源：白沙1016×中花4号

特征特性：疏枝直立，生育期112d左右。叶淡绿色，茎绿色，主茎高35～42cm。连续开花，结果枝数5～8条，单株结果数11～18个。荚果珍珠豆类型，缩缢不明显，果嘴钝。果壳薄，籽粒饱满，饱果率高，籽仁桃形、淡红色、表面光滑，百果重166.9g，百仁重70.7g，出仁率74.35%。

抗病鉴定：2004年河南省农业科学院植物保护研究所抗性鉴定：网斑病发病级别为3级，中感网斑病（按0～4级标准）；叶斑病发病级别为7级，感叶斑病（按1～9级标准）；病毒病发病率为28%，中抗病毒病。2005年鉴定：网斑病发病级别为3级，中感网斑病（按0～4级标准）；叶斑病发病级别为6级，感叶斑病（按1～9级标准）；病毒病发病率为25%，中抗病毒病。

品质分析：2006年农业部农产品质量监督检验测试中心（郑州）检测：籽仁蛋白质24.70%，粗脂肪53.30%，油酸38.6%，亚油酸38.4%。

产量表现：2004年省夏播组区域试验，平均亩产荚果232.14kg、籽仁171.19kg，分别比对照豫花6号增产7.05%和11.92%，荚果、籽仁均居9个参试品种第1位。2005年继试，平均亩产荚果231.65kg、籽仁168.63kg，分别比对照豫花6号增产9.25%和11.9%，荚果、籽仁分别居9个参试品种第3、第1位。

2006年省生产试验，平均亩产荚果265.33kg、籽仁197.26kg，分别比对照豫花6号增产13.95%和17.76%，荚果、籽仁均居3个参试品种第1位。

适宜地区：全省各地种植。

栽培技术要点：播种：在5月20日至6月10日播种，麦收后要及时抢墒早播，播种时足墒下种，深度一般不超过5cm，以保证一播全苗。密度：10 000～12 000穴/亩，每穴2粒。田间管理：出苗后应及早追肥，促进幼苗早生快发，后期可通过根外追肥补施磷钾肥，以补充花生后期对养分的需要，雨水较多时，高产田块要抓好化控措施，在盛花后期或植株长到35～40cm时，喷施100mg/kg的多效唑，防旺苗倒伏。防治病虫害：主要注意蚜虫、斜纹夜蛾等虫害和叶斑病、网斑病等病害的防治。

二十二、品种名称：濮科花4号

审定编号：豫审花2007004

选育单位：河南省濮阳农业科学研究所

品种来源：豫花11号×濮9321。

特征特性：直立疏枝，生育期127d。叶片长椭圆形、淡绿色。主茎高43.8cm，侧枝长46.9cm，总分枝9.15条。连续开花，结果枝6.8条，单株结果数13.95个。荚果普通型，果嘴微锐，网纹细、较深，果较大。籽仁圆锥形，种皮粉红色，内种皮橘黄色，百果重179.65g，百仁重78.2g，出仁率69.6%。

抗病鉴定：2004年河南省农业科学院植物保护研究所抗性鉴定：网斑病发病级别为3级，中感网斑病（按0～4级标准）；叶斑病发病级别为5级，中抗叶斑病（按1～9级标准）；病毒病发病率为23%，中抗病毒病。

品质分析：2004年农业部农产品质量监督检验测试中心（郑州）检测：籽仁蛋白质23.57%，粗脂肪53.01%，亚油酸37.8%，油酸36.0%。

产量表现：2003年省区域试验，平均亩产荚果214.29kg、籽仁151.41kg，分别比对照豫花8号增产9.46%和11.67%，荚果、籽仁分别居7个参试品种第2、第1位。2004年继试，平均亩产荚果271.06kg、籽仁184.03kg，分别比对照豫花8号增产14.55%和14.23%，荚果、籽仁均居9个参试品种第3位。

2005年省生产试验，平均亩产荚果242.67kg、籽仁173.06kg，分别比对照豫花8号增产4.90%和1.80%，荚果、籽仁分别居6个参试品种第3、第2位。2006年续试，平均亩产荚果274.08kg、籽仁195.57kg，分别比对照豫花11号增产5.99%和7.20%，荚果、籽仁分别居7个参试品种第4、第3位。

适宜地区：全省各地春播或麦垄套种。

栽培要点：播期：春播5月1日前后、麦垄套种播期5月20日左右。密度：春播密度8 000～9 000穴／亩、麦套密度10 000穴／亩左右，每穴2粒。田间管理：麦套花生麦收后，应及时中耕灭茬，早追苗肥，促苗早发。高产地块8月中旬若株高超过40cm，应及时喷施100～150mg/kg多效唑，控旺防倒。后期注意养根护叶，及时收获。

二十三、品种名称：开农53

审定编号：豫审花2008001

选育单位：开封市农林科学研究院

中国农业科学院油料作物研究所

品种来源：K9069-1×开选02-3

特征特性：直立疏枝，夏播生育期114d。叶片淡绿色、椭圆形，主茎高44.1cm，侧枝长47.4cm，总分枝7.8条，结果枝6.0条，单株饱果数9.1个。荚果普通型，果嘴稍锐，网纹细、浅，缩缢浅，百果重165.2g，饱果率75.7%。籽仁椭圆形、粉红色，百仁重66.1g，出仁率70.7%。

抗病鉴定：经河南省农业科学院植物保护研究所抗性鉴定：2006年抗网斑病（2级），感叶斑病（6级），高抗锈病（2级），抗病毒病（发病率21%），抗根腐病（发病率13%）。2007年抗网斑病（2级），感叶斑病（6级），抗锈病（5级），抗病毒病（发病率25%），抗根腐病（发病率19%）。

品质分析：2006、2007两年经农业部农产品质量监督检验测试中心（郑州）

测定：粗蛋白质（干基）24.9% / 23.7%，粗脂肪（干基）51.3% / 52.6%，油酸49.4% / 47.3%，亚油酸含量30.9% / 32.8%。

产量表现：2006年省夏直播区试，平均亩产荚果258.1kg、籽仁183.4kg，分别比对照豫花6号增产9.5%和7.9%。2007年续试，平均亩产荚果253.5kg、籽仁178.1kg，分别比对照豫花6号增产11.6%和9.0%。

2007年省夏播生产试验，平均亩产荚果285.4kg、籽仁206.9kg，分别比对照豫花6号增产12.3%和10.4%。

适宜地区：河南省各地作麦套及夏直播种植。

栽培技术要点：播期和密度：夏直播种植应在6月10日前播种，麦套种植应于麦收前15~20d播种；每亩11 000穴，每穴2粒。田间管理：前期应培育壮苗，加强苗期管理，苗期可酌情追施尿素10~15kg，结荚期干旱及时浇水；盛花期前后可酌情控制旺长，同时加强蚜虫、棉铃虫等害虫的防治；及时收获。

二十四、品种名称：豫花9840

审定编号：豫审花2008002

选育单位：河南省农业科学院经济作物研究所

品种来源：郑9103×豫花11号

特征特性：疏枝直立型，夏播生育期114d左右。叶片椭圆形、淡绿色、小。主茎高48.2cm，侧枝长51.9cm，总分枝9条，结果枝6条，单株饱果数8个。荚果为普通型，果嘴微锐，网纹细、稍深，缩缢浅，百果重169.5g，饱果率75.7%。籽仁为椭圆形、粉红色，有光泽，百仁重69.0g，出仁率70.3%。

抗病鉴定：河南省农业科学院植物保护研究所抗性鉴定，2006年高抗网斑病（1级）、锈病（3级）、病毒病（发病率18%）、根腐病（发病率9%），抗叶斑病（4级）。2007年高抗网斑病（1级）、锈病（3级）、病毒病（发病率15%）、根腐病（发病率8%），抗叶斑病（5级）。

品质分析：2006、2007两年经农业部农产品质量监督检验测试中心（郑州）测试：粗蛋白质（干基）24.4% / 22.5%，粗脂肪（干基）51.5% / 53.3%，油酸42.2% / 39.5%，亚油酸含量36.6% / 38.8%。

产量表现：2006年省夏直播区试，平均亩产荚果257.3kg、籽仁180.4kg，分别比对照豫花6号增产9.2%和6.1%。2007年续试，平均亩产荚果253.7kg、籽仁179.0kg，分别比对照豫花6号增产11.7%和9.5%。2007年省夏播生产试验，平均亩产荚果280.8kg、籽仁206.4kg，分别比对照豫花6号增产10.5%和10.1%。

适宜地区：河南省各地麦垄套种及夏直播种植。

栽培技术要点：播期和密度：麦垄套种在麦收前15d、夏直播6月10日前播种；每亩10 000～12 000穴，每穴两粒，可根据土壤肥力高低和种植方式适当增减。田间管理：播种前施足底肥，麦垄套种苗期要及早追肥，生育前期及中期以促为主，花针期切忌干旱，生育后期注意养根护叶，及时收获。

二十五、品种名称：濮科花7号

审定编号：豫审花2008003

选育单位：河南省濮阳农业科学研究所

品种来源：濮8507×濮8833-2-1-1-3

特征特性：直立疏枝，夏播生育期114天。叶片椭圆形，叶色淡绿色，叶大。主茎高45.6cm，侧枝长49.6cm，总分枝8.4条，结果枝6.2条，单株结果数15.6个。荚果为普通型，果嘴钝，网纹细深，果较大，百果重157.9g。籽仁椭圆形，种皮粉红色，内种皮橘黄色，百仁重66.7g，出仁率70.6%。

抗性鉴定：河南省农业科学院植物保护研究所抗性鉴定，2006年高抗锈病（2级），抗病毒病（发病率28%）、根腐病（发病率20%），感网斑病（3级）、叶斑病（7级）。2007年抗锈病（4级）、病毒病（发病率35%）、根腐病（发病率19%），感网斑病（3级）、叶斑病（7级）。

品质分析：2006、2007两年经农业部农产品质量监督检验测试中心（郑州）测试：粗蛋白质（干基）25.5%/22.2%，粗脂肪（干基）51.3%/53.8%，油酸含量40.3%/38.6%，亚油酸含量37.2%/40.4%。

产量表现：2006年省夏直播区试，平均亩产荚果254.5kg、籽仁179.0kg，分别比对照豫花6号增产8.0%和5.3%。2007续试，平均亩产荚果245.0kg、籽仁173.7kg，分别比对照豫花6号增产7.8%和6.3%。

2007年省夏播生产试验，平均亩产荚果284.1kg、籽仁209.3kg，均比对照豫花6号增产11.8%。

适宜地区：全省各地夏直播种植。

栽培技术要点：播期和密度：播期6月10日前，每亩密度12 000穴左右，每穴两粒。田间管理：管理上以促为主，应及时中耕除草，早施追苗肥，促苗早发；高产地块8月中旬若株高超过40cm，应及时喷施100～150mg/kg多效唑，控旺防倒；后期注意养根护叶，及时收获。

二十六、品种名称：漯花6号

审定编号：豫审花2008004

选育单位：河南省漯河市农业科学院

品种来源：郑9327×海花一号

特征特性：疏枝直立，夏播全生育期114d。叶片长椭圆形、浓绿大。主茎高40.6cm，侧枝长44.0cm，总分枝数8.3条，结果枝数6.0条，单株饱果数10.3个。荚果为普通型，果嘴钝，网纹粗、浅，缩缢浅，百果重156.3g，饱果率76.4%。籽仁椭圆形、粉红色，百仁重62.2g，出仁率68.8%。

抗性鉴定：经河南省农业科学院植物保护研究所抗性鉴定，2006年高抗锈病（3级），抗网斑病（2级）、根腐病（发病率15%），感叶斑病（7级）、病毒病（发病率30%）。2007年高抗锈病（3级），抗网斑病（2级）、根腐病（发病率18%），感叶斑病（7级）、病毒病（发病率32%）。

品质分析：2006年、2007年连续两年经农业部农产品质量监督检验测试中心（郑州）测试：粗蛋白质（干基）25.4%/25.2%，粗脂肪（干基）51.7%/49.8%，油酸含量40.8%/46.0%，亚油酸含量36.6%/31.9%。产量表现：2006年省夏直播区试，平均亩产荚果269.9kg、籽仁183.4kg，分别比对照豫花6号增产14.6%和7.9%。2007年续试，平均亩产荚果276.0kg、籽仁191.6kg，分别比对照豫花6号增产21.5%和17.2%。

2007年省夏播生产试验，平均亩产荚果291.1kg、籽仁210.7kg，分别比对照豫花6号增产14.6%和12.4%。

适宜地区：河南省各地夏直播种植。

栽培技术要点：播期和密度：6月10日前播种；每亩密度12 000穴，每穴两粒。田间管理：播种前施足底肥，亩施有机肥4 000kg以上，复合肥40~50kg。

二十七、品种名称：豫花9620

审定编号：豫审花2008005

选育单位：河南省农业科学院经济作物研究所

品种来源：郑9301-0-0-1×豫花15号

特征特性：直立疏枝型，麦套生育期125d左右。叶片椭圆形、浓绿色、较大。主茎高47.0cm，侧枝长51.7cm，总分枝8条，结果枝6条，单株饱果数10个。荚果为普通型，果嘴微锐，网纹粗、浅，缩缢浅，百果重232.6g，饱果率76%。

籽仁椭圆形、粉红色，百仁重99.9g，出仁率68%。

抗性鉴定：河南省农业科学院植物保护研究所抗性鉴定，2005年高抗病毒病（发病率7%），抗网斑病（1级）、叶斑病（3级）。2006年高抗叶斑病（2级）、锈病（3级）、病毒病（发病率8%），抗网斑病（2级）、根腐病（发病率11%）。

品质分析：2006、2007年经农业部农产品质量监督检验测试中心（郑州）测试：粗蛋白质（干基）23.7% / 26.6%，粗脂肪（干基）54.5% / 51.6%，油酸含量43.6% / 48.4%，亚油酸含量33.8% / 30.6%。

产量表现：2005年省麦套区试，平均亩产荚果282.6kg、籽仁185.4kg，分别比对照豫花11号增产13.1%和6.0%。2006年续试，平均亩产荚果323.1kg、籽仁220.2kg，分别比对照豫花11号增产11.0%和2.4%。

2007年省麦套生产试验，平均亩产荚果286.8kg、籽仁203.6kg，分别比对照豫花11号增产11.7%和9.7%。

适宜地区：河南省各地麦垄套种及夏直播种植。

栽培技术要点：播期和密度：麦垄套种5月20日左右，夏播6月10前播种；每亩10 000穴左右，每穴两粒，高肥水地每亩可种植9 000穴左右，旱薄地每亩可适当增加到11 000穴左右。田间管理：早追肥促苗早发；中期高产田块要抓好化控措施，在盛花后期或植株长到35cm以上时喷施100mg/kg的多效唑，防旺长倒伏；后期应注意旱浇涝排，适时进行根外追肥，补充营养。

二十八、品种名称：豫花9719

审定编号：豫审花2009001

选育单位：河南省农业科学院经济作物研究所

品种来源：豫花9号 × 为郑8903

特征特性：属直立疏枝型，生育期120d左右。连续开花，一般株高46.7cm，总分枝7.4条，结果枝6.1条，单株饱果数8.8个。荚果为普通型，果嘴钝，网纹粗、深，缩缢浅，百果重261.2g。籽仁为椭圆形、粉红色，有光泽，百仁重103.5g，出仁率68%。

抗病鉴定：2006年河南省农业科学院植物保护研究所鉴定：高抗病毒病（发病率10%），高抗锈病（发病级别3级）；抗根腐病（发病率12%），抗网斑病（发病级别2级）；中抗叶斑病（发病级别4级）。2007年河南省农业科学院植物保护研究所鉴定：高抗锈病（发病级别3级）；抗病毒病（发病率21%），抗根腐病（发病率15%），抗网斑病（发病级别2级）；抗叶斑病（发病级别4级）。

品质分析：农业部农产品质量监督检验测试中心（郑州）测试：蛋白质含量25.81%，脂肪含量51.51%，油酸含量49.4%，亚油酸含量28.4%，油酸亚油酸比值（O/L）1.74。

产量表现：2006年麦套区域试验，平均亩产荚果327.3kg，比对照豫花11号增产12.4%；平均亩产籽仁222.2kg，比对照豫花11号增产3.3%。2007年续试，平均亩产荚果286.7kg，比对照豫花11号增产12.7%；平均亩产籽仁191.5kg，比对照豫花11号增产9.0%。

2008年省麦套生产试验，平均亩产荚果268.1kg，比对照豫花11号增产10.2%；平均亩产籽仁189.1kg，比对照豫花11号增产7.8%。

适宜地区：全省花生产区种植。

栽培技术要点：播期和密度：麦垄套种在5月20日左右；春播在4月下旬或5月上旬。每亩10 000穴左右，每穴两粒，高肥水地可适当降低种植密度，旱薄地应适当增加种植密度。田间管理：麦收后要及时中耕灭茬，早追肥（每亩尿素15kg），促苗早发；中期高产田块要抓好化控措施，在盛花后期或植株长到35cm以上时喷施100mg/kg的多效唑，防旺长倒伏；后期应注意旱浇涝排，适时进行根外追肥，补充营养，促进果实发育充实。

二十九、品种名称：濮花9519

审定编号：豫审花2010001

选育单位：河南省濮阳农业科学研究所

品种来源：濮9412×鲁花14号

特征特性：属直立疏枝型品种，全生育期123d。连续开花。主茎高40.5cm，侧枝长43.6cm，总分枝8条，结果枝6.4条，单株结果数13.6个。叶片倒卵形，叶色淡绿色，叶小。荚果普通型，果嘴锐，网纹细、深，果较小。百果重224g，饱果率78.80%。籽仁椭圆形，种皮粉红色，内种皮橘黄色，百仁重89.40g，出仁率72.45%。

抗病鉴定：2007年河南省农业科学院植物保护研究所鉴定：高抗叶斑病（发病级别3级），抗网斑病（发病级别2级）、病毒病（发病率30%），感锈病（发病级别6级）、根腐病（发病率22%）。2008年河南省农业科学院植物保护研究所鉴定：抗网斑病（发病级别2级）、叶斑病（发病级别4级）、病毒病（发病率33%），感锈病（发病级别6级）、根腐病（发病率21%）。

品质分析：2007年农业部产品质量监督检验测试中心（郑州）品质分析：

蛋白质含量22.91%，含油量54.55%，油酸含量40.8%，亚油酸含量36.9%，油酸、亚油酸比值（O／L）1.1。2008年农业部产品质量监督检验测试中心（郑州）品质分析：蛋白质含量22.53%，含油量52.76%，油酸含量42.2%，亚油酸含量37.6%，油酸、亚油酸比值（O／L）1.12。

产量表现：2007年省麦套组区试，9点汇总荚果、籽仁全部增产，平均亩产荚果293.4kg、籽仁199.4kg，分别比对照豫花11号增产15.3%、13.5%，极显著，均居12个参试品种第1位。2008年续试，荚果9点汇总全部增产，平均亩产304.8kg，比对照豫花11号增产13.3%，极显著，居13个参试品种第4位；籽仁9点汇总8增1减，平均亩产214.5kg，比对照豫花11增产9.7%，居13个参试品种第3位。

2009年省麦套组生试，6点汇总荚果、籽仁全部增产，平均亩产荚果324.5kg、籽仁232.1kg，分别比对照豫花11号增产12.7%、11.4%，均居6个参试品种第1位。

适宜地区：河南省各地种植。

栽培技术要点：麦垄套种播期5月20日左右，春播在5月1日前后；麦套密度10 000～12 000穴／亩，春播密度10 000穴／亩，每穴两粒；麦套花生麦收后，应及时中耕灭茬，早施追苗肥，促苗早生快发。高产地块，7月下旬若株高超过40cm，应及时喷施100～150mg/kg多效唑，控旺防倒。后期注意养根护叶，及时收获。

三十、品种名称：漯花4号

审定编号：豫审花2010002

选育单位：漯河市农业科学院

品种来源：鲁花12号×豫花8号

特征特性：属疏枝直立型品种，生育期124d。连续开花。主茎高39.6cm，侧枝长43.5cm，总分枝8.8条，结果枝6.8条，单株饱果数11个。叶片绿色、长椭圆形。荚果斧头形，果小、均匀，果嘴锐，网纹细、较浅，缩缢浅。百果重170.8g，饱果率76.6%。籽仁椭圆形、粉红色，百仁重75.6g，出仁率71.6%。

抗病鉴定：2007年河南省农业科学院植物保护研究所鉴定：抗网斑病（发病级别2级）、病毒病（发病率22%），感叶斑病（发病级别7级）、锈病（发病级别6级）、根腐病（发病率22%）。2008年河南省农业科学院植物保护研究所鉴定：抗网斑病（发病级别2级）、病毒病（发病率24%），感叶斑病（发病级别7级）、锈病（发病级别6级）、根腐病（发病率22%）。

品质分析：2007年农业部产品质量监督检验测试中心（郑州）品质分析：蛋白质含量25.04%，含油量53.31%，油酸含量41.1%，亚油酸含量36.1%，油酸、亚油酸比值（O／L）1.14。2008年农业部产品质量监督检验测试中心（郑州）品质分析：蛋白质含量23.74%，含油量52.13%，油酸含量41.1%，亚油酸含量37.9%，油酸、亚油酸比值（O／L）1.08。

产量表现：2007年省麦套组区试，9点汇总荚果、籽仁均7增2减，平均亩产荚果280.9kg，比对照豫花11号增产10.4%，达极显著，居12个参试品种第4位；平均亩产籽仁190.5kg，比对照豫花11号增产8.4%，居12参试品种第3位。2008年续试，荚果9点汇总6增3减，平均亩产279.1kg，比对照豫花11号增产3.7%，极显著，居13个参试品种第12位；籽仁9点汇总7增2减，平均亩产201.1kg，比对照豫花11号增产2.8%，居13个参试品种第9位。

2009年省麦套组生试，6点汇总荚果、籽仁全部增产，平均亩产荚果318.1kg，籽仁228.7kg，分别比对照豫花11号增产10.5%、9.8%，均居6个参试品种第2位。

适宜地区：河南省各地种植。

栽培技术要点：麦套应小麦收获前15～20d播种，不可过早或过晚，春播地膜覆盖可与4月15日播种；10 000穴／亩，每穴两粒，播深以3cm为宜；保水肥的地块，应将全部有机肥、钾肥和2／3的氮、磷肥混合在小麦播种前结合深耕与小麦肥同时施入，其余1／3氮、磷肥在小麦收获后花生始花期追施。

三十一、品种名称：郑农花9号

审定编号：豫审花2010003

选育单位：郑州市农林科学研究所

品种来源：豫花7号×花育17

特征特性：属疏枝直立型品种，全生育期123d左右。连续开花。主茎高42.2cm，侧枝长45.8cm，总分枝8.4条，结果枝6.8条。叶片绿色，长椭圆形，中大。荚果普通型，果嘴钝，果大、长，网纹粗、较深，缩缢不明显，百果重233.8g，饱果率75.5%。籽仁椭圆形，种皮粉红色，百仁重96.1g，出仁率68.2%。

抗病鉴定：2007年河南省农业科学院植物保护研究所鉴定：抗病毒病（发病率24%）、锈病（发病级别5级），感叶斑病（发病级别6级）、网斑病（发病级别3级）、根腐病（发病率23%）。2008年河南省农业科学院植物保护研究所鉴定：抗病毒病（发病率22%）、锈病（发病级别5级），感网斑病（发病级别3

级）、叶斑病（发病级别7级）、根腐病（发病率25%）

品质分析：2007年农业部产品质量监督检验测试中心（郑州）品质分析：蛋白质含量24.07%，含油量53.88%，油酸含量52%，亚油酸含量27.8%，油酸、亚油酸比值（O／L）1.87。2008年农业部产品质量监督检验测试中心（郑州）品质分析：蛋白质含量24.73%，含油量49.29%，油酸含量54.2%，亚油酸含量27.6%，油酸、亚油酸比值（O／L）1.96。

产量表现：2007年省麦套组区试，9点汇总荚果全部增产，平均亩产286.4kg，比对照豫花11号增产12.6%，增产极显著，居12个参试品种第3位；籽仁9点汇总7增2减，平均亩产187.1kg，比对照豫花11增产6.5%，居12个参试品种第5位。2008年续试，9点汇总荚果全部增产，平均亩产305.1kg，比对照豫花11号增产13.4%，增产极显著，居13个参试品种第3位；籽仁9点汇总7增2减，平均亩产209.9kg，比对照豫花11号增产7.3%，居13个参试品种第7位。

2009年省麦套组生试，6点汇总荚果、籽仁全部增产，平均亩产荚果307.8kg，籽仁220.0kg，分别比对照豫花11号增产6.9%、5.6%，均居6个参试品种第4位。

适宜地区：河南省各地种植。

栽培技术要点：春播4月20日至5月10日播种，麦套5月20日左右播种；春播9 000～10 000穴／亩，麦套10 000穴／亩，每穴双粒；春播地膜花生在出苗后要及时扣膜覆土；麦套花生以促为主，及时中耕除草，早施追苗肥，促苗早生快发；苗期如有蚜虫为害，可用50%氧化乐果1 000倍液进行叶面喷施。

三十二、品种名称：豫花9925

审定编号：豫审花2010004

选育单位：河南省农业科学院经济作物研究所

品种来源：豫花11号×豫花9327

特征特性：属直立疏枝型品种，全生育期120d左右。连续开花。株高40.0cm，总分枝8条左右，结果枝6条左右，单株饱果数9.8个。叶片绿色、长椭圆形。荚果为斧头形，果嘴钝，网纹粗、较浅，缩缢浅，百果重198.3g，饱果率71.5%。籽仁桃形、粉红色，百仁重87.5g，出仁率70.0%。

抗病鉴定：2007年河南省农业科学院植物保护研究所鉴定：高抗锈病（发病级别3级），抗病毒病（发病率20%），根腐病（发病率20%），感叶斑病（发病级别6级）、网斑病（发病级别3级）。2008年河南省农业科学院植物保护研究所鉴定：抗病毒病（发病率23%）、锈病（发病级别4级）、根腐病（发病率18%）感网斑病（发病级别3级）、叶斑病（发病级别6级）。

品质分析：2007年据农业部农产品质量监督检验测试中心（郑州）测试：蛋白质含量24.18%，含油量52.97%，油酸含量41.0%，亚油酸含量37.0%，油酸亚油酸比值（O／L）1.11。2008年据农业部农产品质量监督检验测试中心（郑州）测试：蛋白质含量22.43%，含油量52.44%，油酸含量41.2%，亚油酸含量37.9%，油酸亚油酸比值（O／L）1.09。

产量表现：2007年省麦套组区试，9点汇总荚果、籽仁均7增2减，平均亩产荚果276.7kg，比对照豫花11号增产8.8%，增产极显著，居12个参试品种第6位；平均亩产籽仁187.9kg，比对照豫花11增产6.9%，居12个参试品种第4位。2008年续试，荚果9点汇总8增1平，平均亩产297.1kg，比对照豫花11号增产10.4%，增产极显著，居13个参试品种第7位；籽仁9点汇总7增2减，平均亩产207.8kg，比对照豫花11号增产6.2%，居13个参试品种第8位。

2009年省麦套组生试，荚果6点汇总5增1减，平均亩产306.6kg，比对照豫花11号增产6.5%，居6个参试品种第5位，籽仁6点汇总4增2减，平均亩产222.3kg，比对照豫花11号增产6.7%，居6个参试品种第3位。

适宜地区：河南省各地种植。

栽培技术要点：麦垄套种在5月20日左右，春播在4月下旬或5月上旬；每亩10 000穴左右，每穴两粒，高肥水地每亩可种植9 000穴左右，旱薄地每亩可增加到11 000穴左右；麦收后要及时中耕灭茬，早追肥，促苗早发；中期，高产田块要抓好化控措施，防旺长倒伏；后期应注意旱浇涝排，适时进行根外追肥，补充营养，促进果实发育充实，并注意叶部病。

三十三、品种名称：商研9938

审定编号：豫审花2010005

选育单位：商丘市农林科学研究所、河南省农业科学院经济作物研究所

品种来源：豫9316-10×豫9327-10

特征特性：属直立疏枝型品种，全生育期123d左右。连续开花。主茎高41.8cm。总分枝6～8条，结果枝5～7条，单株结果数14～18个。叶片长椭圆形，浓绿色。荚果普通型，果嘴钝，网纹细、浅，缩缢不明显，百果重232.1g，饱果率72.1%。籽仁椭圆形、粉红色，有光泽，百仁重91.1g，出仁率69.4%。

抗病鉴定：2007年河南省农业科学院植物保护研究所抗性鉴定：抗病毒病（发病率为22%）、锈病（发病级别5级），感网斑病（发病级别为3级）、叶斑病（发病级别为6级）、根腐病（发病率21%）。2008年河南省农业科学院植物保护研究所鉴定：抗病毒病（发病率24%）、锈病（发病级别5级），感网斑病（发病级别3级）、叶斑病（发病级别6级）、根腐病（发病率22%）。

品质分析：2007年农业部农产品质量监督检验测试中心（郑州）检测：蛋白质21.83%，含油量53.30%，油酸44.6%，亚油酸33.9%，油酸亚油酸比值（O／L）1.32。2008年农业部农产品质量监督检验测试中心（郑州）测试：蛋白质含量22.39%，含油量51.04%，油酸含量45.1%，亚油酸含量35.1%，油酸亚油酸比值（O／L）1.28。

产量表现：2007年省麦套组区试，9点汇总荚果6增3减，平均亩产276.8kg，比对照豫花11号增产8.8%，增产极显著，居12个参试品种第5位；籽仁9点汇总4增5减，平均亩产178.7kg，比对照豫花11增产1.7%，居12个参试品种第7位。2008年续试，9点汇总荚果、籽仁全部增产，平均亩产荚果312.7kg，比对照豫花11号增产16.2%，增产极显著，平均亩产籽仁215.7kg，比对照豫花11号增产10.3%，荚果、籽仁均居13个参试品种第1位。

2009年省麦套组生试，6点汇总荚果、籽仁全部增产，平均亩产荚果312.5kg，籽仁218.6kg，分别比对照豫花11号增产8.6%和4.9%，分居6个参试品种第3、第5位。

适宜地区：河南省各地种植。

栽培技术要点：露地春播适宜播期为4月25日至5月10日，麦垄套种适宜播期为5月15—25日；亩种植密度9 000～11 000穴／亩，每穴2粒种子，旱薄地宜密，肥水地宜稀；增施磷、钾、钙肥，以提高荚果饱满度。

三十四、品种名称：远杂9847

审定编号：豫审花2010006

选育单位：河南省农业科学院经济作物研究所

品种来源：豫花15号×（豫花7号×A.sp.30136）F1

特征特性：属直立疏枝型品种，夏播生育期110d左右。连续开花。主茎高44.6cm，侧枝长46.1cm，总分枝7.7条，结果枝6.2条，单株饱果数10.2个。叶片绿色、椭圆形、中大。荚果普通型，果嘴锐，网纹粗、稍深，缩缢较浅，果皮硬，百果重174.2g，饱果率80.3%。籽仁椭圆形，种皮粉红色，有光泽，百仁重

68.2g，出仁率68.5%。

抗病鉴定：2007年河南省农业科学院植物保护研究所鉴定：高抗网斑病（发病级别1级）、锈病（发病级别2级），抗叶斑病（发病级别4级）、病毒病（发病率22%）、根腐病（发病率13%）。2008年河南省农业科学院植物保护研究所鉴定：高抗网斑病（发病级别1级），抗叶斑病（发病级别4级）、病毒病（发病率20%）、锈病（发病级别4级）、根腐病（发病率20%）

品质分析：2007年据农业部农产品质量监督检验测试中心（郑州）测试：蛋白质含量21.98%，含油量56.46%，油酸含量39.3%，亚油酸含量38.8%，油酸亚油酸比值（O/L）1.01。2008年据农业部农产品质量监督检验测试中心（郑州）测试：蛋白质含量23.19%，含油量55.12%，油酸含量40.2%，亚油酸含量39.3%，油酸亚油酸比值（O/L）1.02。

产量表现：2007年省夏播组区试，荚果6点汇总全部增产，平均亩产283.1kg，比对照豫花6号增产24.6%，增产极显著，居9个参试品种第1位；籽仁6点汇总5增1减，平均亩产196.7kg，比对照豫花6增产20.3%，居9个参试品种第1位。2008年续试，荚果8点汇总7增1减，平均亩产274.2kg，比对照豫花9327增产9.6%，增产极显著，居13个参试品种第1位；籽仁8点汇总6增2减，平均亩产187.1kg，比对照豫花9327号增产9.0%，居13个参试品种第2位。

2009年省夏播组生试，6点汇总荚果、籽仁均5增1减，平均亩产荚果314.4kg、籽仁230.3kg，分别比对照豫花9327增产6.6%、7.5%，均居3个参试品种第1位。

适宜地区：河南省各地种植。

栽培技术要点：麦垄套种在麦收前15天、夏播在6月10日前播种较为适宜；每亩10 000～12 000穴，每穴两粒，根据土壤肥力高低和种植方式可适当增减；播种前施足底肥，麦垄套种花生苗期要及早追肥，生育前期及中期以促为主，注意防治病虫害，花针期切忌干旱，生育后期注意养根护叶，及时收获。

三十五、品种名称：豫花9830

审定编号：豫审花2010007

选育单位：河南省农业科学院经济作物研究所

品种来源：豫花9401-10×豫花15号

特征特性：属直立疏枝型品种，全生育期110d左右。连续开花。株高41.1cm，总分枝7.0条，结果枝5～6条，单株饱果数9.0个。叶片绿色、椭圆形、中小。荚果为普通型，果嘴锐，网纹粗、稍深，缩缢浅，百果重171.7g，饱果率79.6%。籽仁为椭圆形、粉红色，有光泽，百仁重67.8g，出仁率69.2%。

抗病鉴定：2007年河南省农业科学院植物保护研究所鉴定：高抗病毒病（发病率15%），抗叶斑病（发病级别5级）、网斑病（发病级别2级）、锈病（发病级别4级）、根腐病（发病率17%）。2008年河南省农业科学院植物保护研究所鉴定：高抗病毒病（发病率18%），抗网斑病（发病级别2级）、叶斑病（发病级别5级）、锈病（发病级别5级）、根腐病（发病率14%）

品质分析：2007年据农业部农产品质量监督检验测试中心（郑州）测试：蛋白质含量20.98%，含油量57.21%，油酸含量40.4%，亚油酸含量36.9%，油酸亚油酸比值（O／L）1.09。2008年据农业部农产品质量监督检验测试中心（郑州）测试：蛋白质含量21.96%，含油量57.45%，油酸含量40.9%，亚油酸含量38.6%，油酸亚油酸比值（O／L）1.06。

产量表现：2007年省夏播组区试，荚果6点汇总全部增产，平均亩产261.1kg，比对照豫花6号增产14.9%，增产极显著，居9个参试品种第4位；籽仁6点汇总5增1减，平均亩产180.8kg，比对照豫花6增产10.6%，居9个参试品种第4位。2008年续试，8点汇总荚果、籽仁均5增3减，平均亩产荚果250.8kg、籽仁173.1kg，分别比对照豫花9327增产0.3%、0.8%，增产不显著，分居13个参试品种第7、第6位。

2009年省夏播组生试，6点汇总荚果、籽仁3增3减，平均亩产荚果292.1kg，籽仁208.6kg，分别比对照豫花9327减产1.3%和2.5%，均居3个参试品种第3位。

适宜地区：河南省各地种植。

栽培技术要点：麦垄套种在麦收前15d、夏播在6月10日前播种较为适宜；每亩10 000～12 000穴，每穴两粒，高肥力地块适当减小密度，低肥力地块适当增加密度；播种前施足底肥，麦垄套种花生苗期要及早追肥，生育前期及中期以促为主，注意防治病虫害，花针期切忌干旱，生育后期注意养根护叶，及时收获。

三十六、品种名称：泛花3号

审定编号：豫审花2011001

品种来源：母本泛0611，父本泛0196

选育单位：河南黄泛区地神种业有限公司

特征特性：属直立疏枝型，夏播生育期113d左右。连续开花，主茎高44.5cm，侧枝长45.6cm，总分枝数7.9条，结果枝数6.2条，单株饱果数9.9个。叶片绿色，长椭圆形。荚果普通型，果嘴稍锐，网纹粗、稍浅，缩缢稍深，百果重196.5g，饱果率81.8%。籽仁椭圆，种皮粉红、有光泽，百仁重78.4g，出仁率68.3%。

抗病鉴定：经河南省农业科学院植物保护研究所鉴定：2008年抗网斑病（2级），感叶斑病（7级），抗锈病（4级），抗病毒病（发病率25%），抗根腐病（发病率18%）；2009年抗网斑病（2级），感叶斑病（6级），中抗锈病（5级），中抗病毒病（发病率23%），抗根腐病（发病率17%）。

品质分析：2008年、2009年连续两年农业部农产品质量监督检验测试中心（郑州）测试：蛋白质19.6% / 25.2%，粗脂肪54.5% / 50.3%，油酸41.5% / 39.1%，亚油酸38% / 39.4%。

产量表现：2008年参加省夏播花生区试，8点汇总，荚果全部增产，籽仁7增1减，平均亩产荚果272.9kg、籽仁184.2kg，分别比对照豫花9327增产9.1%和7.3%，分居13个参试品种第2、第4位，荚果比对照增产极显著。2009年续试，8点汇总，荚果6增1平1减，籽仁3增5减，平均亩产荚果336.7kg、籽仁232.6kg，分别比对照豫花9327增产5.4%和0.9%，分居11个参试品种第1、第3位，荚果比对照增产极显著。

2010年省夏播花生生产试验，7点汇总，平均亩产荚果339.8kg、籽仁241.0kg，分别比对照豫花9327增产7.4%和6.5%，均居3个参试品种第1位。

适宜地区：河南各地夏播种植。

栽培技术要点：播期和密度：选择沙壤土质，夏播或麦垄套种，注意轮作倒茬，尽量早播，以5月20日至6月15日之间为宜，夏播一般行距33cm左右，亩密度12 000穴，每穴两粒；套播亩密度10 000穴，每穴2粒。田间管理：及时灭茬，出苗后至开花前中耕2～3次，以清棵蹲苗，花期亩追三元复合肥20～40kg或磷酸二铵30kg左右，花针期遇旱要及时浇水，高肥水地块有旺长趋势要及时化控，防止旺长倒伏，注意防治叶斑病及地下害虫等病虫为害。生育后期可喷施叶面肥2次，成熟后及时收获，防止落果、发芽或霉变。

三十七、品种名称：豫花9805

审定编号：豫审花2011002

品种来源：母本（豫花7号×8238-12）F2，父本豫花15号

选育单位：河南省农业科学院经济作物研究所

特征特性：属直立疏枝型，麦套生育期125d左右。连续开花，主茎高

45.8cm，侧枝长49.6cm，总分枝8条左右，结果枝6条左右，单株饱果数7～8个。叶片绿色、椭圆形、中小。荚果为普通型，果嘴锐，网纹细、深，缩缢稍深，百果重236g。籽仁椭圆形，种皮粉红色，百仁重99g，出仁率69.8%。

抗病鉴定：经河南省农业科学院植物保护研究所鉴定：2008年抗网斑病（2级），抗叶斑病（5级），感锈病（6级），抗病毒病（发病率26%），抗根腐病（发病率19%）。2009年抗网斑病（2级），中抗叶斑病（4级），感锈病（6级），中抗病毒病（发病率24%），抗根腐病（发病率18%）。

品质分析：2008年、2009年连续两年农业部农产品质量监督检验测试中心（郑州）测试：蛋白质20.8%/23.6%，粗脂肪53.0%/53.2%，油酸39.0%/38.2%，亚油酸40.6%/41.1%。

产量表现：2008年参加省麦套花生区试，9点汇总，荚果全部增产，籽仁7增2减，平均亩产荚果306.2kg、籽仁211.8kg，分别比对照豫花11号增产13.8%和8.3%，分居13个参试品种第2、6位，荚果比对照增产极显著。2009年续试，9点汇总，荚果和籽仁均8增1减，平均亩产荚果332.9kg、籽仁232.8kg，分别比对照豫花15号增产6.5%和4.7%，分居8个参试品种第2、4位，荚果比对照增产极显著。

2010年省麦套花生生产试验，5点汇总，平均亩产荚果332.1kg、籽仁229.7kg，分别比对照豫花15号增产6.1%和4.2%，分居5个参试品种第3、4位。

适宜地区：河南各地麦套或春播种植。

栽培技术要点：播期和密度：麦垄套种在5月20日左右；春播在4月下旬或5月上旬；每亩10 000穴左右，每穴两粒，高肥水地每亩可种植9 000穴左右，旱薄地每亩可增加到11 000穴左右。田间管理：看苗管理，促控结合。麦垄套种花生，麦收后要及时中耕灭茬，早追肥，促苗早发；中期，高产田块要抓好化控措施，防旺长倒伏；后期应注意旱浇涝排，适时进行根外追肥，补充营养，促进果实发育充实，并注意叶部病害防治。

三十八、品种名称：商研9807

审定编号：豫审花2011003

品种来源：母本［（豫花14×8565-40）×豫花9号］，父本豫花11号

选育单位：商丘市农林科学院、河南省农业科学院经济作物研究所

特征特性：属直立疏枝型，麦套生育期123d左右。连续开花，主茎高44cm，侧枝长47cm，总分枝8条左右，结果枝6条左右，单株饱果数8～10个。叶片绿

色、椭圆形、中等大小。荚果为普通型或斧头形，果嘴锐，网纹粗、稍深，缩缢较浅，百果重246g。籽仁椭圆形、种皮粉红色，百仁重101g，出仁率70.2%。

抗病鉴定：经河南省农业科学院植物保护研究所鉴定：2008年高感网斑病（4级），感叶斑病（6级），抗锈病（4级），抗病毒病（发病率23%），感根腐病（发病率21%）。2009年高感网斑病（4级），感叶斑病（7级），中抗锈病（5级），中抗病毒病（发病率26%），感根腐病（发病率22%）。

品质分析：2008年、2009年连续两年农业部农产品质量监督检验测试中心（郑州）测试：蛋白质22.6%/24.4%，粗脂肪50.9%/51.4%，油酸45.1%/43.9%，亚油酸34.3%/34.9%。

产量表现：2008年参加省麦套花生区试，9点汇总，荚果全部增产，籽仁7增2减，平均亩产荚果304.4kg、籽仁213.8kg，分别比对照豫花11号增产13.2%和9.3%，分居13个参试品种第5、4位，荚果比对照增产显著。2009年续试，9点汇总，荚果全部增产，籽仁7增2减，平均亩产荚果338.6kg、籽仁237.7kg，分别比对照豫花15号增产8.4%和6.9%，均居8个参试品种第1位，荚果比对照增产极显著。

2010年省麦套花生生产试验，5点汇总，平均亩产荚果335.7kg、籽仁233.9kg，分别比对照豫花15号增产7.3%和6.1%，均居5个参试品种第2位。

适宜地区：河南各地麦套或夏播种植。

栽培技术要点：播期和密度：麦套种植适宜播期为5月15—25日，露地春播适宜播期为5月上旬，春播地膜覆盖可在4月上中旬播种，麦套种植适宜密度为10 000~11000穴/亩，春播适宜密度为9 000~10 000穴/亩，每穴均为2粒。田间管理：春播高产地块一般亩施优质有机肥1 000kg、磷酸二铵20~30kg、硫酸钾10~15kg做底肥；麦套种植在重施小麦底肥的基础上，苗期亩追施尿素7.5kg，以促苗早发，促进根瘤菌的形成；花针期结合中耕培土，在土壤接荚层施过磷酸钙20~30kg，以满足荚果膨大和充实对磷、钙营养的需要；荚果膨大期可叶面喷洒0.2%~0.4%的磷酸二氢钾溶液，养根护叶，提高荚果饱满度；播种期和苗期注重防治地下害虫蛴螬、蚜虫和叶螨的为害，后期注重喷洒杀菌剂防治叶斑病和网斑病。

三十九、品种名称：濮兴花1号

审定编号：豫审花2011004

品种来源：母本为79-266，父本为郑86036-22-9

选育单位：河南省民兴种业有限公司

特征特性：属直立疏枝型，生育期124d左右。连续开花，主茎高42.5cm，侧枝长46.0cm，总分枝8条左右，结果枝6条左右，单株饱果数9~10个。叶片椭圆形、黄绿色、中等大小。荚果属普通型，果嘴锐，网纹粗、深，果较大；百果重218.1g。籽仁椭圆形，种皮粉红色，内种皮橘黄色，百仁重86.5g，出仁率68.2%。

抗病鉴定：经河南省农业科学院植物保护研究所鉴定：2008年感网斑病（3级），感叶斑病（6级），抗锈病（5级），抗病毒病（发病率29%），感根腐病（发病率21%）。2009年感网斑病（3级），感叶斑病（7级），中抗锈病（5级），中抗病毒病（发病率28%），感根腐病（发病率22%）。

品质分析：2008、2009两年农业部农产品质量监督检验测试中心（郑州）测试：蛋白质22.37%/25.1%，粗脂肪50.0%/50.5%，油酸47.8%/47.1%，亚油酸33.5%/33.5%。

产量表现：2008年参加省麦套花生区试，9点汇总，荚果8增1减，籽仁6增3减，平均亩产荚果294.0kg、籽仁197.9kg，分别比对照豫花11号增产9.3%和1.2%，分居13个参试品种第8、11位，荚果比对照增产显著。2009年续试，9点汇总，荚果7增2减，籽仁5增4减，平均亩产荚果324.5kg、籽仁221.8kg，分别比对照豫花15号增产3.8%和减产0.2%，荚果比对照增产极显著，分居13个参试品种第5、第8位。

2010年省麦套花生生产试验，5点汇总，平均亩产荚果340.8kg、籽仁237.1kg，分别比对照增产8.9%和7.5%，均居5个参试品种第1位。

适宜地区：河南各地麦垄套种或春播种植。

栽培技术要点：播期和密度：麦垄套种在5月20日左右；春播在5月1日前后；麦套密度10 000~12 000穴/亩，春播密度10 000穴/亩，每穴两粒。田间管理：看苗管理，促控结合：麦垄套种花生，麦收后要及时中耕灭茬，早追肥，促苗早发；中期，高产地块，7月下旬若株高超过40cm，应及时喷施100~150mg/kg多效唑，控旺防倒。后期应注意旱浇涝排，适时进行根外追肥，补充营养，促进果实发育充实，并注意叶部病害，及时收获。

四十、品种名称：开农61

审定编号：豫审花2012001

选育单位：开封市农林科学研究院

品种来源：开农30×开选01-6

特征特性：属普通型中熟品种，直立疏枝型，较松散，麦套生育期126d。一般主茎高39.1cm，侧枝长46.6cm，总分枝9.6个，结果枝7个，单株饱果数13.4个。叶片淡绿色、长椭圆形、中等大小。荚果普通型，果嘴钝、不明显，网纹细、稍浅，缩缢浅，百果重206.9g，饱果率83.9%。籽仁椭圆形，种皮粉红色，百仁重83.2g，出仁率69.8%。

抗病鉴定：2009、2010两年经河南省农业科学院植物保护研究所鉴定：2009年感网斑病（3级），中抗叶斑病（5级），中抗锈病（4级），中抗病毒病（发病率25%），感根腐病（发病率27%）。2010年抗网斑病（2级），中抗叶斑病（5级），中抗病毒病（发病率24%），感根腐病（发病率25%）。

品质分析：2009/2010两年农业部农产品质量监督检验测试中心（郑州）检测：蛋白质含量24.37%/24.8%，粗脂肪含量55.86%/54.76%，油酸含量77.72%/74.3%，亚油酸含量5.7%/10.2%，油亚比（O/L）13.64/7.28。

产量表现：2009年省麦套花生品种区域试验，9点汇总，荚果3增6减，平均亩产荚果317.4kg、籽仁226.6kg，分别比对照豫花15号增产1.4%和1.4%，均居8个参试品种第2位，荚果比对照增产不显著。2010年续试，7点汇总，荚果5增2减，平均亩产荚果323.4kg，籽仁222.4kg，分别比对照豫花15号增产2.5%和1.8%，均居14个参试品种第3位，荚果比对照增产不显著。

2011年省生产试验，7点汇总，荚果5增2减，平均亩产荚果298.5kg，籽仁209kg，分别比对照豫花15号增产1.7%和0.1%，均居5个参试品种第4位。

适宜地区：河南省各地春、夏播种植。

栽培技术要点：播期和密度：春播种植在4月10—25日播种，每亩9 000～10 000穴，每穴2粒；麦垄套种应于5月15—20日（麦收前10～15d）播种，每亩10 000～11 000穴，每穴2粒。田间管理：基肥以农家肥和氮、磷、钾复合肥为主，辅以微量元素肥料。初花期可酌情追施尿素或硝酸磷肥10～15kg/亩。并视田间干旱情况及时浇水；注意防治蚜虫、棉铃虫、蛴螬等害虫危害。生育后期，注意防治叶斑病；及时收获，以免影响花生产量和品质。

四十一、品种名称：商花5号

审定编号：豫审花2012003

选育单位：商丘市农林科学院

品种来源：豫花9414×远杂9102

特征特性：属直立疏枝型品种，夏播生育期112d左右。一般主茎高41.5cm，侧枝长45.5cm，总分枝8条左右，结果枝6条左右，单株饱果数11～15个。叶片浓绿色、长椭圆形、中等大小。荚果为茧形，果嘴钝，网纹细、深，缩缢浅，百果重209.6g。籽仁桃形、种皮粉红色，百仁重90g，出仁率75.0%。

抗病鉴定：2009、2010两年经河南省农业科学院植物保护研究所鉴定：2009年抗网斑病（2级），中抗叶斑病（5级），感锈病（7级），中抗病毒病（发病率24%），抗根腐病（发病率19%）。2010年感网斑病（3级），中抗叶斑病（5级），中抗病毒病（发病率28%），抗根腐病（发病率20%）。

品质分析：2009／2010两年农业部农产品质量监督检验测试中心（郑州）检测：蛋白质含量28.02%／27.12%，粗脂肪含量49.11%／50.86%，油酸含量38.24%／37.9%，亚油酸含量40.14%／40.6%，油亚比（O／L）0.95／0.93。

产量表现：2009年省珍珠豆型花生品种区域试验，9点汇总，荚果全部增产，平均亩产荚果316.4kg、籽仁237.8kg，分别比对照豫花14号增产12.1%和12.8%，分居12个参试品种第5、4位，荚果比对照增产达显著。2010年续试，7点汇总，荚果5增2减，平均亩产荚果287.1kg、籽仁212.8kg，分别比对照豫花14号增产8.7%和6.8%，分居13个参试品种第8、6位，荚果比对照增产达极显著。

2011年省生产试验，7点汇总，荚果6增1减，平均亩产荚果284.1kg、籽仁211.9kg，分别比对照远杂9102增产8.1%和6.9%，均居6个参试品种第5位。

适宜地区：河南各地春、夏播种植。

栽培技术要点：播期和密度：麦垄套种在5月20日左右；春播在4月下旬或5月上旬；每亩10 000穴左右，每穴两粒，高肥水地每亩可种植9 000穴左右，旱薄地每亩可增加到11 000穴左右。夏播6月10日以前播种，趁墒早播；密度12 000穴／亩左右，每穴2粒。田间管理：看苗管理，促控结合；麦垄套种花生，麦收后要及时中耕灭茬，早追肥，促苗早发；中期，高产田块要抓好化控措施；后期应注意旱浇涝排，适时进行根外追肥，补充营养，促进果实发育充实，并注意叶部病害。

四十二、品种名称：驻花2号

审定编号：豫审花2012004

选育单位：驻马店市农业科学院

品种来源：冀L9407×郑201

特征特性：属直立疏枝型品种，夏播生育期113天。一般主茎高42.3cm，侧枝长45.9cm，总分枝7.6条，结果枝6.2条，单株饱果数11个。叶片淡绿色、椭圆形、中等大小。荚果为茧形，果嘴钝，不明显、网纹细、稍深、缩缢浅，百果重177.1g，饱果率79.5%。籽仁桃形、种皮粉红色，百仁重76.8g，出仁率76.8%。

抗病鉴定：2009、2010两年经河南省农业科学院植物保护研究所鉴定：2009年抗网斑病（2级），中抗叶斑病（5级），中抗锈病（5级），中抗病毒病（发病率24%），感根腐病（发病率21%）。2010年抗网斑病（2级），中抗叶斑病（5级），中抗病毒病（发病率24%），感根腐病（发病率23%）。

品质分析：2009/2010两年农业部农产品质量监督检验测试中心（郑州）检测：蛋白质含量28.34%/28.00%，粗脂肪含量51.03%/52.59%，油酸含量34.91%/33.8%，亚油酸含量43.52%/45.3%，油亚比（O/L）0.80/0.75。

产量表现：2009年省珍珠豆型花生品种区域试验，9点汇总，荚果8增1减，平均亩产荚果313.6kg、籽仁240.5kg，分别比对照豫花14号增产11.1%和14.0%，分居12个参试品种第7、第1位，荚果比对照增产达极显著。2010年续试，7点汇总，荚果全部增产，平均亩产荚果293.5kg、籽仁224.3kg，分别比对照豫花14号增产11.2%和12.6%，分居13个参试品种第6、第2位，荚果比对照增产达极显著。

2011年省生产试验，7点汇总，荚果6增1减，平均亩产荚果294.8kg、籽仁222.9kg，分别比对照远杂9102增产12.2%和12.5%，分居6个参试品种第3、第2位。

适宜地区：河南各地夏播种植。

栽培技术要点：播期和密度：一般在5月20日至6月10日播种，播种时足墒下种，深度一般不超过5cm，以保证一播全苗。每亩10 000～120 00穴，每穴2粒。田间管理：出苗后应及早追肥，促进幼苗早生快发，后期可通过根外追肥补施磷钾肥，雨水较多时，要抓好化控措施，防旺苗倒伏；注意蚜虫、斜纹夜蛾等虫害和根腐病、叶斑病、病毒病等病害的防治，及时收获，以免造成芽果、烂果，影响收益。

四十三、品种名称：豫花23号

审定编号：豫审花2012007

选育单位：河南省农业科学院经济作物研究所

品种来源：郑9316-10×远杂9102

特征特性：属直立疏枝型品种，夏播生育期113d左右。一般主茎高43cm，侧枝长45cm，总分枝8个，结果枝6个，单株饱果数12个。叶片淡绿色、椭圆形、中等大小。荚果为茧形，果嘴钝，网纹粗、深，缩缢稍浅，百果重188g，饱果率80%。籽仁桃形，种皮粉红色，有光泽，百仁重80g，出仁率72.8%。

抗病鉴定：2009、2010两年经河南省农业科学院植物保护研究所鉴定：2009年抗网斑病（2级），感叶斑病（6级），中抗锈病（4级），中抗病毒病（发病率24%），抗根腐病（发病率17%）。2010年抗网斑病（2级），感叶斑病（7级），中抗病毒病（发病率25%），抗根腐病（发病率19%）。

品质分析：2009/2010两年农业部农产品质量监督检验测试中心（郑州）检测：蛋白质含量26.15%/23.52%，粗脂肪含量50.34%/53.09%，油酸含量36.15%/36.9%，亚油酸含量43.12%/44.6%，油亚比（O/L）0.84/0.83。

产量表现：2009年省珍珠豆型花生品种区域试验，9点汇总，荚果全部增产，平均亩产荚果329.4kg、籽仁238.6kg，分别比对照豫花14号增产16.7%和13.1%，分居12个参试品种第2、3位，荚果比对照增产极显著。2010年续试，7点汇总，全部增产，平均亩产荚果303.6kg、籽仁223.1kg，分别比对照豫花14号增产14.9%和11.9%，分居13个参试品种第2、3位，荚果比对照增产达极显著。

2011年省生产试验，7点汇总，荚果全部增产，平均亩产荚果299.9kg、籽仁218.6kg，分别比对照远杂9102增产14.2%和10.3%，分居6个参试品种第1、第3位。

适宜地区：河南各地夏播种植。

栽培技术要点：播期和密度：6月10日左右播种；每亩12 000～14 000穴，每穴两粒，根据土壤肥力高低可适当增减。田间管理：播种前施足底肥，为赶农时若来不及施底肥，苗期要及早追肥，生育前期及中期以促为主，花针期切忌干旱，生育后期注意养根护叶，及时收获。

四十四、品种名称：豫花22号

审定编号：豫审花2012006

选育单位：河南省农业科学院经济作物研究所

品种来源：郑9520 F3×豫花15号

特征特性：属直立疏枝型品种，连续开花，夏播生育期113d左右。一般主茎高43cm，侧枝长44cm，总分枝7个，结果枝6个，单株饱果数10个。叶片浓绿色、椭圆形、中等大小。荚果为茧形，果嘴钝，网纹细、稍深，缩缢浅，百果重189.7g，饱果率79.3%。籽仁桃形，种皮粉红色，有光泽，百仁重81.6g，出仁率72%。

抗病鉴定：2009年、2010年两年经河南省农业科学院植物保护研究所鉴定：2009年抗网斑病（2级），中抗叶斑病（5级），中抗锈病（5级），中抗病毒病（发病率22%），抗根腐病（发病率19%）。2010年感网斑病（3级），中抗叶斑病（5级），中抗病毒病（发病率24%），抗根腐病（发病率18%）。

品质分析：2009年/2010两年农业部农产品质量监督检验测试中心（郑州）检测：蛋白质含量24.22%/24.74%，粗脂肪含量51.39%/54.24%，油酸含量36.08%/36.2%，亚油酸含量42.84%/43.5%，油亚比（O/L）0.84/0.83。

产量表现：2009年省珍珠豆型花生品种区域试验，9点汇总，荚果全部增产，平均亩产荚果329.8kg、籽仁240.3kg，分别比对照豫花14号增产16.8%和13.9%，分居12个参试品种第1、2位，荚果比对照增产极显著。2010年续试，7点汇总，荚果全部增产，平均亩产荚果304.1kg、籽仁216.5kg，分别比对照豫花14号增产15.2%和8.7%，分居13个参试品种第1、4位，荚果比对照增产达极显著。

2011年省生产试验，7点汇总，荚果全部增产，平均亩产荚果290.6kg、籽仁212.9kg，分别比对照远杂9102增产10.6%和7.5%，均居6个参试品种第4位。

适宜地区：河南各地春、夏播种植。

栽培技术要点：播期和密度：6月10日左右；每亩12 000～14 000穴，每穴两粒，根据土壤肥力高低可适当增减。田间管理：播种前施足底肥，为赶农时若来不及施底肥，苗期要及早追肥，生育前期及中期以促为主，花针期切忌干旱，生育后期注意养根护叶，及时收获。

四十五、品种名称：宛花2号

审定编号：豫审花2012005

选育单位：南阳市农业科学院

品种来源：P12×宛8908

特征特性：属直立疏枝型品种，夏播生育期112d。一般主茎高40.0cm，侧枝长43.3cm，总分枝8.9个，结果枝7.1个，单株饱果数12.8个。叶片黄绿色、长椭圆形、中等大小。荚果茧形，果嘴钝、不明显，网纹细、稍深，缩缢浅，百果重160.8g。籽仁桃形，种皮粉红色，百仁重68.4g，出仁率75.0%。

抗病鉴定：2009、2010两年经河南省农业科学院植物保护研究所鉴定：2009年抗网斑病（2级），感叶斑病（7级），中抗锈病（5级），中抗病毒病（发病率23%），感根腐病（发病率24%）。2010年抗网斑病（2级），感叶斑病（6级），中抗病毒病（发病率25%），感根腐病（发病率22%）。

品质分析：2009／2010两年农业部农产品质量监督检验测试中心（郑州）检测：蛋白质含量26.99%／26.61%，粗脂肪含量48.65%／49.58%，油酸含量37.94%／40.8%，亚油酸含量39.05%／37.2%，油亚比（O／L）0.97／1.1。

产量表现：2009年省珍珠豆型花生品种区域试验，9点汇总，荚果7增2减，平均亩产荚果298.7kg、籽仁224.5kg，分别比对照豫花14号增产5.8%和6.5%，分居12个参试品种第10、第9位，荚果比对照增产达显著。2010年续试，7点汇总，荚果全部增产，平均亩产荚果302.2kg、籽仁226.4kg，分别比对照豫花14号增产14.4%和13.7%，分居13个参试品种第3、第1位，荚果比对照增产达极显著。

2011年省生产试验，7点汇总，荚果全部增产，平均亩产荚果298.5kg、籽仁226.9kg，分别比对照远杂9102增产13.6%和14.6%，分居6个参试品种第2、第1位。

适宜地区：河南各地春、夏播种植。

栽培技术要点：播期和密度：4月中旬至6月上旬，不可过早或过晚，地膜覆盖可在4月10日左右播种。春播8 000～10 000穴／亩，夏播10 000～12 000穴／亩，每穴双粒，播种不宜过深，以3cm为宜。田间管理：亩施三元素花生专用肥40kg左右，或三元素复合肥（15-15-15）30～40kg加氯化钾10kg。生育期间采用前促、中控、后保的管理措施，注意防治病虫害，达到高产稳产、优质、高效。

四十六、品种名称：豫花25号

审定编号：豫审花2013005
品种来源：豫花9414／豫花9634
选育单位：河南省农业科学院经济作物研究所
特征特性：属直立疏枝中大果品种，连续开花，夏播生育期115d左右。一般主茎高42.1cm，侧枝长47.4cm，总分枝7条左右。平均结果枝5条左右，单株饱果数10～11个。叶片浓绿色、椭圆形、中等大小。荚果为普通型，果嘴钝、网纹粗、稍浅，缩缢稍浅，平均百果重189.5g左右。籽仁椭圆形，种皮粉红色，平均百仁重80.7g左右，出仁率69.0%左右。

抗病鉴定：2010、2011两年经河南省农业科学院植物保护研究所鉴定：2010年中抗叶斑病（发病级别5级），抗网斑病（发病级别2级），中抗病毒病（发病率20%），抗根腐病（发病率12%）；2011年中抗叶斑病（发病级别5级），抗网斑病（发病级别2级），中抗病毒病（发病率24%），抗根腐病（发病率16%）。

品质分析：2010、2011年农业部农产品质量监督检验测试中心测试：粗脂肪含量52.55% / 51.61%，蛋白质含量23.78% / 22.83%，油酸含量36.6% / 38.0%，亚油酸含量43.3% / 40.3%，油酸亚油酸比值（O / L）0.85 / 0.94。

产量表现：2010年河南省夏播花生区域试验，7点汇总，荚果、籽仁均5增2减，平均亩产荚果340.15kg、籽仁242.04kg，分别比对照豫花9327增产6.66%和6.17%，荚果增产达显著水平，荚果、籽仁均居14个参试品种第1位。2011年续试，8点汇总，荚果7增1减，籽仁均6增2减，平均亩产荚果333.82kg，籽仁231.39kg，分别比对照豫花9327增产6.08%和5.54%，荚果增产达极显著水平，荚果、籽仁分居12个参试品种第2、第3位。

2012年河南省夏播花生生产试验，7点汇总，荚果、籽仁均6增1减，平均亩产荚果346.19kg、籽仁248.93kg，分别比对照豫花9327增产7.99%和6.98%，荚果、籽仁均居2个参试品种第1位。

适宜区域：河南各地夏播种植。

栽培技术要点：播期和密度：麦垄套种在麦收前15天、夏直播在6月10日前播种较为适宜；每亩10 000～12 000穴，每穴两粒，高肥水地每亩可种植10 000穴左右，旱薄地每亩可增加到12 000穴左右。田间管理：看苗管理，促控结合：麦垄套种花生，麦收后要及时中耕灭茬，早追肥，促苗早发；中期，高产田块要抓好化控措施，防旺长倒伏；后期应注意旱浇涝排，适时进行根外追肥，补充营养，促进果实发育充实，并注意防治叶部病害。

四十七、品种名称：远杂6号

审定编号：豫审花2013007

品种来源：远杂9102 / 狮头企

选育单位：河南省农业科学院经济作物研究所

特征特性：属直立疏枝珍珠豆品种，连续开花，夏播生育期118d左右。一般主茎高42.7cm，侧枝长47.1cm，总分枝9.5条左右。平均结果枝6.4条左右，单株饱果数11个；叶片浓绿色、椭圆形、小。荚果为茧形，果嘴钝，不明显，网纹细、稍浅，缩缢稍浅，平均百果重178.4g左右。籽仁桃形、种皮粉红色，平均百仁重68.8g左右，出仁率71.6%左右。

抗病鉴定：2010、2011两年经河南省农业科学院植物保护研究所鉴定：2010年中抗叶斑病（发病级别5级），抗网斑病（发病级别2级），中抗病毒病（发病率23%），抗根腐病（发病率17%）。2011年中抗叶斑病（发病级别5级），抗网斑病（发病级别2级），中抗病毒病（发病率25%），抗根腐病（发病率17%）。

品质分析：2010年、2011年农业部农产品质量监督检验测试中心（郑州）测试：粗脂肪含量51.52%/50.291%，蛋白质含量27.31%/24.15%，油酸含量36.6%/37.1%，亚油酸含量42.5%/39.9%，油酸亚油酸比值（O/L）0.86/0.93。

产量表现：2010年河南省珍珠豆型花生区试，7点汇总，荚果全部增产、籽仁均5增2减，平均亩产荚果295.86kg、籽仁211.85kg，荚果、籽仁分别比对照豫花14号增产12.06%和6.36%，荚果增产达显著水平，荚果、籽仁分别居13个参试品种第5、第8位。2011年续试，8点汇总，荚果6增2减、籽仁均4增4减，平均亩产荚果296.14kg、籽仁212.88kg，荚果、籽仁分别比对照远杂9102增产3.98%和0.87%，荚果增产极显著，荚果、籽仁均居10个参试品种第3位。

2012年河南省珍珠豆花生生产试验，6点汇总，荚果、籽仁均全部增产，平均亩产荚果338.01kg、籽仁243.37kg，荚果、籽仁分别比对照远杂9102增产9.93%和6.86%，荚果、籽仁均居3个参试品种第1位。

适宜区域：河南各地夏播种植。

栽培技术要点：播期和密度：夏播在6月10日前播种较为适宜；每亩12 000～14 000穴，每穴两粒，根据土壤肥力高低可适当增减。田间管理：播种前施足底肥，为赶农时若来不及施底肥，苗期要及早追肥，生育前期及中期以促为主，花针期切忌干旱，生育后期注意养根护叶，及时收获。

四十八、品种名称：豫花21号

审定编号：豫审花2012002

选育单位：河南省农业科学院经济作物研究所

品种来源：豫花11号×豫花9327

特征特性：属直立疏枝型品种，麦套生育期126d左右。一般主茎高45.0cm，侧枝长51cm，总分枝8条左右，结果枝6条左右，单株饱果数8～10个。叶片淡绿色、长椭圆形、中等大小。荚果为普通型，果嘴钝，不明显，网纹细、稍深，缩缢稍浅，百果重221.5g，饱果率78%。籽仁椭圆形、种皮粉红色，百仁重95g，出仁率70.0%。

抗病鉴定：2009、2010两年经河南省农业科学院植物保护研究所鉴定：2009年抗网斑病（2级），感叶斑病（7级），中抗锈病（5级），中抗病毒病（发病率24%），抗根腐病（发病率18%）。2010年抗网斑病（2级），感叶斑病（7级），中抗病毒病（发病率21%），抗根腐病（发病率15%）。

品质分析：2009/2010两年农业部农产品质量监督检验测试中心（郑州）检测：蛋白质含量23.9%/24.4%，粗脂肪含量49.65%/52.95%，油酸含量41.6%/43.0%，亚油酸含量37.5%/38.7%，油亚比（O/L）1.11/1.11。

产量表现：2009年省麦套花生品种区域试验，9点汇总，荚果6增3减，平均亩产荚果330.2kg、籽仁232.1kg，分别比对照豫花15号增产5.5%和3.9%，均居8个参试种第1位，荚果比对照增产达显著。2010年续试，7点汇总，荚果6增1减，平均亩产荚果343.3kg、籽仁240.7kg，分别比对照豫花15号增产8.8%和10.2%，均居14个参试品种第1位，荚果比对照增产达显著。

2011年省生产试验，7点汇总，荚果6增1平，平均亩产荚果323.8kg、籽仁229.9kg，分别比对照豫花15号增产10.4%和10.2%；均居5个参试品种第1位。

适宜地区：河南各地春、夏播种植。

栽培技术要点：播期和密度：麦垄套种在5月20日左右；春播在4月下旬或5月上旬；每亩10 000穴左右，每穴两粒，高肥水地每亩可种植9 000穴左右，旱薄地每亩可增加到11 000穴左右。田间管理：看苗管理，促控结合。麦垄套种花生，麦收后要及时中耕灭茬，早追肥，促苗早发；中期，高产田块要抓好化控措施，防旺长倒伏；后期应注意旱浇涝排，适时进行根外追肥，补充营养，促进果实发育，并注意叶部病害防治。

四十九、品种名称：远杂5号

审定编号：豫审花2013006

品种来源：远杂9102/狮油红4号

选育单位：河南省农业科学院经济作物研究所

特征特性：属直立疏枝珍珠豆品种，连续开花，夏直播生育期118d左右。一般主茎高51.8cm，侧枝长56cm，总分枝7.1条左右。平均结果枝5.4条左右，单株饱果数12.6个。叶片淡绿色、椭圆形、中大。荚果为茧形，果嘴钝，网纹细、稍深，缩缢浅，平均百果重164g左右。籽仁桃形、种皮红色，平均百仁重62.5g左右，出仁率71.9%左右。

抗病鉴定：2010、2011两年经河南省农业科学院植物保护研究所鉴定：2010年中抗叶斑病（发病级别5级），抗网斑病（发病级别2级），中抗病毒病（发病率21%），抗根腐病（发病率15%）。2011年中抗叶斑病（发病级别5级），抗网斑病（发病级别2级），中抗病毒病（发病率25%），抗根腐病（发病率16%）。

品质分析：2010、2011年农业部农产品质量监督检验测试中心（郑州）测试：粗脂肪含量57.87%/56.89%，蛋白质含量23.45%/21.75%，油酸含量40.5%/40.3%，亚油酸含量38.3%/35.8%，油酸亚油酸比值（O/L）1.06/1.13；2010年测定硒含量0.362mg/kg。

产量表现：2010年河南省珍珠豆型花生区域试验，7点汇总，荚果6增1减、籽仁3增4减，平均亩产荚果277.42kg、籽仁196.82kg，荚果比对照豫花14号增产5.07%、籽仁比豫花14号减产1.19%，荚果增产达显著水平，荚果、籽仁分居13个参试品种第12、第13位。2011年续试，8点汇总，荚果5增3减、籽仁均3增5减，平均亩产荚果284.91kg、籽仁205.86kg，荚果比对照远杂9102增产0.04%、籽仁比对照减产2.45%，荚果增产不显著，荚果、籽仁分别居10个参试品种第6、第7位。2012年河南省珍珠豆花生生产试验，6点汇总，荚果4增2减、籽仁2增4减，平均亩产荚果308.78kg、籽仁220.49kg，荚果比对照远杂9102增产0.43%、籽仁比对照减产3.19%，荚果、籽仁分别居3个参试品种第2、第3位。

适宜区域：河南各地夏播种植。

栽培技术要点：播期和密度：夏播在6月10日前播种；每亩12 000～14 000穴，每穴两粒，根据土壤肥力高低可适当增减。田间管理：播种前施足底肥，为赶农时若来不及施底肥，苗期要及早追肥，生育前期以促为主，中期注意控制株高防止倒伏，花针期切忌干旱，生育后期注意养根护叶，及时收获。

五十、品种名称：漯花4016

审定编号：豫审花2013003

品种来源：漯花4号/豫花15号

选育单位：漯河市农业科学院

特征特性：属疏枝直立大果品种，连续开花，全生育期125.5d。一般主茎高32.8cm，侧枝长36.0cm，总分枝数7.9条。平均结果枝数6.6条，单株饱果数11个。叶片椭圆形，叶色深绿。花色深黄。荚果斧头形，果嘴钝，网纹粗、较浅，缩缢浅。平均百果重224.4g。种仁椭圆形、种皮粉红色，有少量油斑，有少量裂纹，平均百仁重90.95g，出仁率72.8%。

抗病鉴定：2009、2010两年经山东省花生研究所鉴定：2009年中抗网斑病（相对抗病指数0.58）；2010年高感网斑病（相对抗病指数0），中抗黑斑病（相对抗病指数0.50）。

品质分析：2009、2010年农业部油料及制品质量监督检验测试中心测试：粗脂肪含量52.07% / 55.67%，粗蛋白含量23.4% / 23.6%，油酸含量42.1% / 43.1%，亚油酸含量35.5% / 33.9%，油酸亚油酸比值（O / L）1.19 / 1.27。

产量表现：2009年全国北方片花生新品种区域试验大粒一组，16点汇总，荚果全部增产，平均亩产荚果305.05kg，籽仁219.94kg，分别比对照鲁花11号增产10.42%和11.18%，荚果增产达极显著水平，荚果、籽仁分居10个参试品种第5、第3位。2010年续试（大粒一组），15点汇总，荚果15点全部增产，平均亩产荚果301.36kg，籽仁221.1kg，荚果分别比对照鲁花11号和花育19号增产10.62%和7.71%，籽仁分别比对照鲁花11号和花育19号增产14.09%和11.97%，荚果增产达极显著水平，荚果、籽仁分居12个参试品种第3、第1位。2011年河南省麦套花生生产试验，7点汇总，荚果、籽仁6增1减，平均亩产荚果314.4kg、籽仁225.85kg，分别比对照豫花15号增产7.16%和8.2%，荚果、籽仁分居5个参试品种第3、第2位。2012年河南省麦套花生生产试验，7点汇总，荚果6增1减，籽仁全部增产，平均亩产荚果403.05kg、籽仁297.74kg，分别比对照豫花15号增产9.42%和11.34%，荚果、籽仁均居5个参试品种第2位。

适宜区域：河南各地大花生产区种植。

栽培技术要点：播期和密度：麦垄套种在5月20日左右；春播在4月下旬或5月上旬；每亩10 000穴左右，每穴两粒，高肥水地每亩可种植9 000穴左右，旱薄地每亩可增加到11 000穴左右。6月10日以前夏播播种，趁墒早播；密度12 000穴 / 亩。田间管理：麦收后要及时中耕灭茬，早追肥，促苗早发；中期，一般管理以促为主。雨水较多年份要抓好化控措施，防旺长倒伏；后期应注意适时进行根外追肥，补充营养，促进果实发育充实，并注意预防网斑病；沙土地要注意及时收获，防治发芽。

五十一、品种名称：秋乐花177

审定编号：豫审花2013001

品种来源：开农30 / 开选01-6

选育单位：河南秋乐种业科技股份有限公司

特征特性：属直立疏枝大果品种，连续开花，生育期125d左右。一般主茎高43.6cm，侧枝长46.85cm，总分枝8.2条左右。平均结果枝7.05条，单株结果数12.35个，单株饱果数9.25个。叶片绿色、长椭圆形。荚果普通型，果嘴钝，网纹粗、浅，缩缢浅，平均百果重234.97g。籽仁椭圆形、种皮粉红色，平均百仁重93.41g左右，出仁率71.64%左右。

抗病鉴定：2010、2011两年经山东省花生研究所鉴定：2010年抗网斑病（相对抗病指数0.72），高感黑斑病（相对抗病指数0.13）；2011年感黑斑病（相对抗病指数0.21）

品质分析：2010、2012年农业部油料及制品质量监督检验测试中心测试：粗脂肪含量53.86% / 51.84%，粗蛋白含量24.6% / 24.64%，油酸含量45.6% / 44.3%，亚油酸含量31.9% / 33.5%，油酸亚油酸比值（O/L）1.43 / 1.32。

产量表现：2010年全国北方片花生新品种区域试验大粒二组，15点汇总，荚果15点全部增产，平均亩产荚果308.35kg，籽仁216.87kg，荚果分别比对照鲁花11号和花育19号增产16.12%和11.22%，籽仁分别比对照鲁花11号和花育19号增产14.14%和11.28%，荚果增产达极显著水平，荚果、籽仁均居12个参试品种第1位。2011年续试（大粒一组）16点汇总，荚果15增1减，平均亩产荚果300.83kg，籽仁209.29kg，荚果、籽仁分别比对照花育19号增产11%和11.5%，荚果增产达极显著水平，荚果、籽仁分居13个参试品种第1、第2位。

2012年河南省麦套花生生产试验，7点汇总，荚果、籽仁全部增产，平均亩产荚果419.63kg、籽仁304.64kg，分别比对照豫花15号增产13.91%和13.92%，荚果、籽仁均居5个参试品种第1位。

适宜区域：河南各地大花生产区种植。

栽培技术要点：播期和密度：春播4月20日左右播种，每亩9 000穴左右；麦垄套种于5月15日左右（麦收前10～15天）播种，每亩10 000～12 000穴；夏直播6月10日前播种，每亩11 000～12 000穴。每穴2粒。田间管理：应以基肥为主，辅以微量元素肥料；初花期酌情追施尿素或硝酸磷肥；高水肥地块或雨水充足年份要控制旺长，通过盛花期喷洒植物生长调节剂，将株高控制在40～45cm。注意防治蚜虫、棉铃虫、蛴螬等害虫为害；及时收获，以免影响花生产量和品质。

五十二、品种名称：郑农花12号

审定编号：豫审花2013004

品种来源：521-3-1-1 / 远杂9307

选育单位：郑州市农林科学研究所，河南省中创种业短季棉有限公司

特征特性：属直立疏枝大果品种，连续开花，生育期125d左右。一般主茎高43.25cm，侧枝长46.61cm，总分枝7.5条左右。平均结果枝6.38条左右，单株饱果数10～15个。叶片绿色、长椭圆形。荚果普通型，果嘴钝，网纹粗、浅，缩缢浅，平均百果重257.43g左右。籽仁椭圆形、种皮粉红色，平均百仁重103.0g左右，出仁率72.0%左右。

抗病鉴定：2009、2010两年经山东花生研究所鉴定：2009年中抗网斑病（相对抗病指数0.51）；2010年抗网斑病（相对抗病指数0.74），中抗黑斑病（相对抗病指数0.49）

品质分析：2009、2010年农业部油料及制品质量监督检验测试中心测试：粗脂肪含量49.39% / 50.34 %，粗蛋白含量24.76% / 26.20%，油酸含量51.8% / 54.3%，亚油酸含量28.5% / 25.7%，油酸亚油酸比值（O / L）1.82 / 2.11。

产量表现：2009年全国北方片花生新品种区域试验大粒二组，16点汇总，荚果14增2减，平均亩产荚果297.64kg，籽仁203.88kg，分别比对照鲁花11号增产8.26%和3.86%，荚果增产达极显著水平，荚果、籽仁分居8个参试品种第5、第6位。2010年续试（大粒一组）15点汇总，荚果15点全部增产，平均亩产荚果300.53kg，籽仁209.86kg，荚果分别比对照鲁花11号和花育19号增产10.32%和7.42%，籽仁分别比对照鲁花11号和花育19号增产8.29%和6.28%，荚果增产达极显著水平，荚果、籽仁均居12个参试品种第4位。

2011年河南省麦套花生生产试验，7点汇总，荚果6增1减，籽仁全部增产，平均亩产荚果314.84kg、籽仁220.46kg，分别比对照豫花15号增产7.31%和5.61%，荚果、籽仁分居5个参试品种第2、第3位。2012年河南省麦套花生生产试验，7点汇总，荚果、籽仁6增1减，平均亩产荚果402.82kg、籽仁290.03kg，分别比对照豫花15号增产9.35%和8.46%，荚果、籽仁分居5个参试品种第4、第3位。

适宜区域：河南各地春播及麦套区种植。

栽培技术要点：播期和密度：麦垄套种在5月20日左右；春播在4月下旬或5月上旬；每亩10 000穴左右，每穴两粒，高肥水地每亩可种植9 000穴左右。田间管理：看苗管理，促控结合：麦垄套种花生，麦收后要及时中耕灭茬，早追肥，促苗早发；中期，高产田块要抓好化控措施，防旺长倒伏；后期应注意旱浇涝排，适时进行根外追肥，补充营养，促进果实发育充实，并注意叶部病害。

五十三、品种名称：开农176

审定编号：豫审花2013002

品种来源：开农30 / 开选01-6

选育单位：开封市农林科学研究院

特征特性：属直立疏枝大果品种，连续开花，生育期126d左右。一般主茎高40.6cm，侧枝长45.8cm，总分枝8.6条。平均结果枝6.8条，单株饱果数10.9个。叶片深绿色、椭圆形、中大。荚果为普通型，果嘴钝，网纹浅，缩缢较明显，平均百果重231.2g。籽仁椭圆形、种皮粉红色，平均百仁重87.5g，出仁率69.6%。

抗病鉴定：2010、2011两年经山东花生研究所鉴定：2010年抗网斑病（相对抗病指数0.67），感黑斑病（相对抗病指数0.29）；2011年感黑斑病（相对抗病指数0.22）

品质分析：2010、2012年农业部油料及制品质量监督检验测试中心测试：粗脂肪含量53.06% / 51.25%，粗蛋白含量25.26% / 25.31%，油酸含量63% / 76.8%，亚油酸含量17.4% / 6.9%，油酸亚油酸比值（O / L）3.62 / 11.13。

产量表现：2010年全国北方片花生新品种区域试验大粒三组，15点汇总，荚果14增1减，平均亩产荚果295.00kg、籽仁200.06kg，荚果分别比对照鲁花11号和花育19号增产10.55%和7.40%，籽仁比对照分别增产6.20%和2.90%，荚果增产达极显著水平，荚果、籽仁分居12个参试品种的第1位和第3位。2011年续试（大粒一组），16点汇总，荚果全部增产，平均亩产荚果293.95kg，籽仁196.3kg，荚果、籽仁分别比对照花育19号增产8.49%和3.71%，荚果增产达极显著水平。荚果、籽仁分居13个参试品种的第5位和第11位。

2012年河南省麦套花生生产试验，7点汇总，荚果、籽仁6增1减，平均亩产荚果402.95kg，籽仁289.52kg，分别比对照豫花15号增产9.39%和8.27%，荚果、籽仁均居5个参试品种第3、第4位。

适宜区域：河南各地大花生产区种植。

栽培技术要点：播期和密度：春播4月中下旬播种，每亩9 000穴左右；麦垄套种于麦收前10~15d播种，每亩10 000~11 000穴。每穴2粒。田间管理：看苗管理，促控结合。初花期酌情追施尿素或硝酸磷肥；连续干旱时，及时灌溉，补充土壤水分；高水肥地块或雨水充足年份要控制旺长，通过盛花期喷洒植物生长调节剂，将株高控制在40~45cm；注意防治病虫害，及时收获。

五十四、品种名称：安花0017

审定编号：豫审花2014001

申请单位：安阳市农业科学院

育种人员：华福平、申为民、张毅、李晓亮、张志民

品种来源：豫花15号 / 鲁花11号

特征特性：属直立疏枝型，连续开花，生育期122～129d。主茎高40.6～44.5cm，侧枝长44.8～50.9cm，总分枝7.0～7.2条。结果枝5.6～5.7条，单株饱果数8.3～11.3个。叶片绿色、椭圆形、中。荚果普通型，果嘴微锐，网纹粗、稍深，缩缢较浅，百果重239.5～244.8g。籽仁椭圆形、种皮粉红色，百仁重96.1～104.4g，出仁率69.0%～71.7%。

抗病鉴定：2011年经河南省农业科学院植物保护研究所鉴定：抗网斑病（2级），感叶斑病（7级），中抗病毒病（发病率22%），抗根腐病（发病率18%）；2012年鉴定：抗网斑病（2级），中抗叶斑病（5级），中抗病毒病（发病率24%），抗根腐病（发病率15%）。

品质分析：2011年农业部农产品质量监督检验测试中心（郑州）测试：粗脂肪含量52.83%，蛋白质含量21.24%，油酸含量40.2%，亚油酸含量37.3%，油酸亚油酸比值（O/L）1.08。2012年测试：粗脂肪含量54.60%，蛋白质含量21.37%，油酸含量50.3%，亚油酸含量30.6%，油酸亚油酸比值（O/L）1.64。

产量表现：2011年河南省麦套花生区域试验，9点汇总，荚果全部增产，籽仁4点增产，5点减产，平均亩产荚果330.3kg，籽仁229.0kg，分别比对照豫花15号增产6.9%和5.2%，荚果增产极显著，荚果、籽仁分居15个参试品种的第3、第4位。2012年续试，6点汇总，荚果全部增产，籽仁5点增产，1点减产，平均亩产荚果399.1kg，籽仁286.5kg，分别比对照豫花15号增产9.6%和7.6%，荚果增产极显著，荚果、籽仁分居6个参试品种第5、第3位。

2013年河南省麦套花生生产试验，7点汇总，荚果、籽仁全部增产，平均亩产荚果394.1kg、籽仁278.9kg，分别比对照豫花15号增产9.6%和9.5%，荚果、籽仁分居7个参试品种第4、第3位。

栽培技术要点：播期和密度：麦垄套种在5月20日左右；春播在4月下旬或5月上旬；每亩10 000穴左右，每穴两粒，高肥水地每亩可种植9 000穴左右，旱薄地每亩可增加到11 000穴左右。田间管理：看苗管理，促控结合：麦垄套种花生，麦收后要及时中耕灭茬，早追肥，促苗早发；中期，高产田块要抓好化控

措施，防旺长倒伏；后期应注意旱浇涝排，适时进行根外追肥，补充营养，促进果实发育充实，并注意叶部病害。

审定意见：该品种符合河南省花生品种审定标准，通过审定。适宜河南各地春播或麦垄套种。

五十五、品种名称：开农1715

审定编号：豫审花2014002

申请单位：开封市农林科学研究院

育种人员：谷建中、任丽等

品种来源：开农30 / 开选01-6

特征特性：属直立疏枝型，连续开花，生育期122～123d。主茎高35.7～38.6cm，侧枝长40.8～42.8cm，总分枝7.1～7.6条。结果枝6.3～6.5条，单株饱果数10.8～11.2个。叶片深绿、长椭圆形。荚果普通型，果嘴无，网纹浅、缩缢浅，百果重194.7～214.9g。籽仁椭圆形、种皮粉红色，百仁重74.6～84.1g，出仁率67.5%～72.6%。

抗病鉴定：2011年经山东花生研究所鉴定：中抗网斑病（相对抗病指数0.40），易感黑斑病（相对抗病指数0.24）；2012年鉴定：中抗网斑病（相对抗病指数0.48），易感黑斑病（相对抗病指数0.27）。

2013年经河南省农业科学院植物保护研究所鉴定：抗网斑病（2级），抗叶斑病（3级），耐锈病（5级），高抗颈腐病（发病率6.7%）。

品质分析：2011年农业部油料及制品质量监督检验测试中心测试：粗脂肪含量51.95%，蛋白质含量25.73%，油酸含量73.4%，亚油酸含量9.6%，油酸亚油酸比值（O／L）7.65。2012年测试：粗脂肪含量51.53%，蛋白质含量24.48%，油酸含量77.8%，亚油酸含量5.5%，油酸亚油酸比值（O／L）14.15。

产量表现：2011年国家北方区小花生区域试验，15点汇总，荚果12点增产，3点减产，平均亩产荚果250.0kg，籽仁169.4kg，分别比对照花育20号增产11.2%和1.7%，荚果增产极显著，荚果、籽仁分居13个参试品种第4、第8位。2012年续试，15点汇总，荚果全部增产，平均亩产荚果325.9kg，籽仁219.0kg，分别比对照花育20号增产24.4%和12.6%，荚果增产极显著，荚果、籽仁分居6个参试品种的第1、第2位。

2013年河南省麦套花生生产试验，7点汇总，荚果全部增产，籽仁5点增产，2点减产，平均亩产荚果386.7kg、籽仁265.6kg，分别比对照豫花15号增产7.5%

和4.3%，荚果、籽仁分居7个参试品种的第5、第4位。

栽培技术要点：播期与密度：春播4月中下旬播种，每亩10 000穴左右；麦套5月上中旬播种，每亩11 000穴，每穴2粒。田间管理：基肥以农家肥和氮、磷、钾复合肥为主，辅以微量元素肥料，初花期酌情追施尿素或硝酸磷肥；干旱时酌情浇水；化学调控，高水肥地块或雨水充足年份要控制旺长，通过盛花期喷洒植物生长调节剂，将株高控制在35～40cm；病虫害防治，注意防治蚜虫、棉铃虫、蛴螬等害虫为害。

审定意见：该品种符合河南省花生品种审定标准，通过审定。适宜河南各地春播和麦套种植。

五十六、品种名称：开农172

审定编号：豫审花2014003

申请单位：开封市农林科学研究院

育种人员：谷建中、任丽等

品种来源：开农30 / 开选01-6

特征特性：属直立疏枝型，连续开花，生育期122～127d。主茎高41.9～43.1cm，侧枝长45.9～46.2cm，总分枝8条。结果枝6～6.9条，单株饱果数8.92～12个；叶片深绿色、椭圆形。荚果普通型，果嘴微钝，网纹中等，缩缢浅，百果重222.0～237.8g。籽仁椭圆形、种皮粉红色，百仁重91.6～97.1g，出仁率69.6%～72.5%。

抗病鉴定：2011年经山东花生研究所鉴定：高感网斑病（相对抗病指数0.00），高感黑斑病（相对抗病指数0.15）。2012年鉴定：高感网斑病（相对抗病指数0.06），易感黑斑病（相对抗病指数0.25）。2013年经河南省农业科学院植物保护研究所鉴定：抗花生网斑病（2级），耐花生叶斑病（5级），抗花生锈病（3级），抗颈腐病（发病率20.0%）。

品质分析：2011年农业部油料及制品质量监督检验测试中心测试：粗脂肪含量51.77%，蛋白质含量25.02%，油酸含量44.4%，亚油酸含量33.6%，油酸亚油酸比值（O／L）1.32。2012年测试：粗脂肪含量54.56%，蛋白质含量23.18%，油酸含量45.4%，亚油酸含量32.6%，油酸亚油酸比值（O／L）1.39。

产量表现：2011年国家北方区大花生区域试验（大粒二组），16点汇总，荚果全部增产，平均亩产荚果297.8kg、籽仁207.2kg，分别比对照花育19号增产10.8%和9.7%，荚果增产极显著，均居14个参试品种的第3位。2012续试（大粒一组），16点汇总，荚果15点增产，1点减产，平均亩产荚果376.4kg，籽仁272.7kg，分别比对照花育19号增产12.6%和11.9%，荚果增产极显著，均居16个参试品种的第2位。

2013年河南省麦套花生生产试验，7点汇总，荚果、籽仁全部增产，平均亩产荚果397.2kg、籽仁280.1kg，分别比对照豫花15号增产10.4%和10.0%，均居7个参试品种的第2位。

栽培技术要点：播期与密度：春播4月中下旬播种，每亩9 000穴左右；麦垄套种于麦收前10～15天播种，每亩10 000～11 000穴，每穴2粒。田间管理：看苗管理，促控结合。初花期酌情追施尿素或硝酸磷肥；连续干旱时，及时灌溉，补充土壤水分；高水肥地块或雨水充足年份要控制旺长，通过盛花期喷洒植物生长调节剂，将株高控制在40～45cm；注意防治病虫害，及时收获，晒干储存。

审定意见：该品种符合河南省花生品种审定标准，通过审定。适宜河南各地春播和麦套种植。

五十七、品种名称：开农69

审定编号：豫审花2014004

申请单位：河南顺丰种业科技有限公司、开封市农林科学研究院

育种人员：张留平、谷建中、任丽等

品种来源：开农30 / 开选01-6

特征特性：属直立疏枝型，生育期123～129d。主茎高39.1～43.1cm，侧枝长42.5～47.1cm，总分枝7.6～8.0条，结果枝5.9～6.0个，单株饱果数8.7～10.3个。叶片绿色、椭圆形、中大。荚果普通型，果嘴钝、网纹细、稍深，缩缢稍浅，百果重234.3～246.2g。籽仁椭圆形，种皮粉红色，百仁重94.2～102.1g，出仁率69.8%～70.4%。

抗病鉴定：2011年经河南省农业科学院植物保护研究所鉴定：感花生网斑病（3级），中抗花生叶斑病（5级），中抗病毒病（发病率24%），感根腐病（发病率23%）。2012年鉴定：感花生网斑病（3级）。中抗花生叶斑病（4级），中抗病毒病（发病率为21%），抗根腐病（发病率为13%）。

品质分析：2011年农业部农产品质量监督测试中心（郑州）测定：粗脂肪含量51.60%，蛋白质含量23.33%，油酸含量42.0%，亚油酸含量35.2%，油酸亚油酸比值（O / L）1.19。2012年测定：粗脂肪含量54.24%，蛋白质含量21.75%，油酸含量37.0%，亚油酸含量42.6%，油酸亚油酸比值（O / L）0.87。

产量表现：2011年河南省麦套花生区域试验，9点汇总，荚果全部增产，籽仁7点增产，2点减产，平均亩产荚果334.8kg，籽仁234.1kg，分别比对照豫花15号增产8.3%和7.6%，荚果增产极显著，荚果、籽仁分居13个参试品种的第1、第2位。2012年续试，6点汇总，荚果全部增产，籽仁5点增产，1点减产，平均亩产荚果414.5kg，籽仁290.9kg，分别比对照豫花15号增产13.9%和9.3%，荚果增产极显著，荚果、籽仁均居16个参试品种的第1位。

2013年河南省麦套花生生产试验，7点汇总，荚果、籽仁全部增产，平均亩产荚果402.9kg，籽仁283.9kg，分别比对照豫花15号增产12.0%和11.5%，荚果、籽仁均居7个参试品种的第1位。

栽培技术要点：播期和密度：春播种植在4月10—25日播种，每亩9 000～10 000穴，每穴2粒；麦垄套种应于5月15—20日（麦收前10～15d）播种，每亩10 000～11 000穴，每穴2粒。田间管理：基肥以农家肥和氮、磷、钾复合肥为主，辅以微量元素肥料，初花期可酌情追施尿素或硝酸磷肥10～15kg/亩；并视田间干旱情况及时浇水；花生生育期间，应注意防治蚜虫、棉铃虫、蛴螬等害虫为害；生育中后期，注意防止网斑病的发生；成熟后应根据生育期适时收获。

审定意见：该品种符合河南省花生品种审定标准，通过审定。适宜河南省各地春播和麦套种植。

五十八、品种名称：豫花27号

审定编号：豫审花2014005

申请单位：河南省农业科学院经济作物研究所

育种人员：张新友、汤丰收、董文召、臧秀旺、张忠信等

品种来源：远杂9711-13/豫花9620

特征特性：属直立疏枝型，连续开花，生育期124～129d。主茎高35.9～45.6cm，侧枝长38.8～48.9cm，总分枝6.5～7.4条。结果枝5.0～5.9条，单株饱果数7.2～7.4个。叶片浓绿色、椭圆形、中。荚果普通型，果嘴微锐，网纹细、稍深，缩缢稍浅，百果重266.5～279.5g。籽仁椭圆形、种皮粉红色，百仁重114.2～119.8g，出仁率70.8%～72.4%。

抗病鉴定：2011年经河南省农业科学院植物保护研究所鉴定：抗网斑病（2级），感叶斑病（6级），中抗病毒病（发病率30%），抗根腐病（发病率13%）。2012年鉴定：抗网斑病（2级），中抗叶斑病（5级），中抗病毒病（发病率24%），抗根腐病（发病率16%）。

品质分析：2011年农业部农产品质量监督检验测试中心（郑州）测试：粗脂肪含量53.99%，蛋白质含量20.91%，油酸含量43.2%，亚油酸含量35.2%，油酸亚油酸比值（O/L）1.23。2012年测试：粗脂肪含量57.59%，蛋白质含量19.13%，油酸含量41.2%，亚油酸含量37.4%，油酸亚油酸比值（O/L）1.10。

产量表现：2011年河南省麦套花生区域试验，9点汇总，荚果8点增产，1点减产，籽仁7点增产，2点减产，平均亩产荚果332.1kg，籽仁235.4kg，荚果、籽仁分别比对照豫花15号增产7.5%和8.1%，荚果增产极显著，荚果、籽仁分别居13个参试品种的第2、1位。2012年续试，6点汇总，荚果6点全部增产，籽仁5点增产，1点减产，平均亩产荚果391.5kg，籽仁283.9kg，荚果、籽仁分别比对照豫花15号增产7.5%和6.6%，荚果增产极显著，荚果、籽仁分居16个参试品种的第8、第5位。

2013年河南省麦套花生生产试验，7点汇总，荚果全部增产，籽仁6点增产，1点减产，平均亩产荚果394.1kg、籽仁278.9kg，分别比对照豫花15号增产9.6%和9.5%，荚果、籽仁均居7个参试品种的第3位。

栽培技术要点：播期和密度：春播在4月下旬或5月上旬，麦垄套种于5月15日左右（麦收前10~15天）播种，每亩9 000~11 000穴，每穴2粒。田间管理：春播花生播种前应施足底肥，麦垄套种花生苗期要及早追肥，促苗早发；高水肥地块或雨水充足年份要控制旺长，当株高在35cm左右时，应喷洒植物生长抑制剂，防止倒伏；注意防治蚜虫、棉铃虫、蛴螬等害虫为害；及时收获，以免影响花生产量和品质。

审定意见：该品种符合河南省花生品种审定标准，通过审定。适宜河南各地春播或麦垄套种花生产区种植。

五十九、品种名称：豫花31号

审定编号：豫审花2014006
申请单位：河南省农业科学院经济作物研究所
育种人员：张新友、汤丰收、董文召、臧秀旺、张忠信等
品种来源：豫花9807-0-0-5-1/豫花9327
特征特性：属直立疏枝型，连续开花，生育期114~115d。主茎高39.8~41.8cm，侧枝长41.7~45.8cm，总分枝6.9~7.2条。结果枝5.4~5.5条，单株饱果数8.6~11.6个。叶片浓绿色、椭圆形、中小。荚果普通型，果嘴钝，网纹粗、稍浅，缩缢稍浅，百果重198.2~214.9g。籽仁椭圆形、种皮粉红色，百

仁重81.5～89.1g，出仁率68.9%～71.6%。

抗病鉴定：2011年经河南省农业科学院植物保护研究所鉴定：感网斑病（3级），感叶斑病（6级），中抗病毒病（发病率23%），抗根腐病（发病率15%）。2012年鉴定：抗网斑病（2级），中抗叶斑病（5级），中抗病毒病（发病率22%），抗根腐病（发病率17%）。

品质分析：2011年农业部农产品质量监督检验测试中心（郑州）测试：粗脂肪含量53.97%，蛋白质含量20.78%，油酸含量40.6%，亚油酸含量37.0%，油酸亚油酸比值（O／L）1.1。2012年测试：粗脂肪含量55.97%，蛋白质含量19.49%，油酸含量39.3%，亚油酸含量38.6%，油酸亚油酸比值（O／L）1.02。

产量表现：2011年河南省夏播花生区域试验，8点汇总，荚果7点增产，1点减产，籽仁7点增产，1点减产，平均亩产荚果338.0kg，籽仁234.0kg，荚果、籽仁分别比对照豫花9327增产7.4%和6.7%，荚果增产极显著，荚果、籽仁分别居12个参试品种的第1、2位。2012年续试，7点汇总，荚果、籽仁全部增产，平均亩产荚果360.3kg，籽仁258.5kg，荚果、籽仁分别比对照豫花9327增产9.7%和7.7%，荚果增产极显著，荚果、籽仁均居9个参试品种的第1位。

2013年河南省夏播花生生产试验，7点汇总，荚果、籽仁全部增产，平均亩产荚果373.8kg，籽仁264.0kg，分别比对照豫花9327增产10.7%和10.8%，荚果、籽仁均居3个参试品种的第1位。

栽培技术要点：播期和密度：麦垄套种于5月15日左右（麦收前10～15天）播种，每亩10 000～12 000穴；夏直播6月10日前播种，每亩11 000～12 000穴。每穴2粒。田间管理：夏直播花生播种前应施足底肥，麦垄套种花生苗期要及早追肥，促苗早发；高水肥地块或雨水充足年份要控制旺长，当株高在35cm左右时，应喷洒植物生长抑制剂，防止倒伏；注意防治蚜虫、棉铃虫、蛴螬等害虫为害；及时收获，以免影响花生产量和品质。

审定意见：该品种符合河南省花生品种审定标准，通过审定。适宜河南各地麦垄套种或夏直播花生产区种植。

六十、品种名称：漯花4087

审定编号：豫审花2014007
申请单位：漯河市农业科学院
育种人员：周彦忠
亲本来源：漯花6号／徐州402

特征特性：属直立疏枝型，连续开花，生育期114～121d。主茎高28.4～31.5cm，侧枝长31.5～35.1cm，总分枝6.0～6.7条。结果枝5.5～6.1条，单株饱果数8.8～11.3个。叶色绿色、椭圆形。荚果斧头形，网纹深，无油斑，无裂纹，百果重174.1～178.6g。籽粒三角形，种皮深红色，百仁重74.8～76.0g，出仁率71.0%～73.9%。

抗病鉴定：2009年经山东花生研究所鉴定：中抗叶斑病（相对抗病指数0.61）；2010年鉴定：抗网斑病（相对抗病指数0.76），感黑斑病（相对抗病指数0.39）。

品质分析：2009年农业部油料及制品质量监督检验测试中心测试：粗脂肪含量53.34%，蛋白质含量22.38%，油酸含量40.4%，亚油酸含量37.3%，油酸压油酸比值（O／L）1.08。2010年测试：粗脂肪含量53.48%，蛋白质含量22.46%，油酸含量38.8%，亚油酸含量38.9%，油酸压油酸比值（O／L）1。

产量表现：2009年国家北方区小花生区域试验小粒一组，15点汇总，13点增产，2点减产，平均荚果产量为277.3kg，籽仁204.9kg，分别比对照鲁花12号增产17.4%和19.3%，荚果增产极显著，荚果、果仁均居9个参试品种的第1位。2010年续试，平均荚果产量为292.2kg，籽仁209.4kg，荚果分别比对照鲁花12号和花育20号增产24.7%和20.1%，籽仁分别比鲁花12号和花育20号增产19.2%和12.4%，荚果增产极显著，荚果、果仁均居11个参试品种的第1位。

2011年国家北方区小花生生产试验，9点汇总，荚果全部增产，荚果平均亩产253.9kg，籽仁184.5kg，分别比对照花育20号增产19.3%和19.2%，荚果、籽仁均居8个参试品种的第1位。2013年河南省夏播花生生产试验，7点汇总，荚果、籽仁全部增产，平均亩产荚果370.0kg，籽仁262.6kg，分别比对照豫花9327增产9.5%和10.2%，荚果和籽仁均居3个参试品种的第2位。

栽培技术要点：播期和密度：麦垄套种在5月15—20日为宜，春播在5月1日左右为宜，夏直播应在6月10日前播种；春播每亩10 000穴，麦套每亩11 000穴，夏直播每亩12 000万穴，每穴两粒。田间管理：以促为主，后期宜保，重施磷钾肥，适施氮肥；麦套花生麦收后，应及时中耕灭茬，早施追苗肥，促苗早生快发；高产地块，7月下旬若株高超过40cm，应及时控旺防倒；感黑斑病，应注意及时防治；后期注意养根护叶，及时收获。

审定意见：该品种符合河南省花生品种审定标准，通过审定。适宜河南省夏播花生区种植。

第四章　花生产量和品质形成

第一节　花生产量形成

花生的出苗期、幼苗期、开花下针期前3个时期是成苗、初步建成营养器官、形成生殖器官（开花、成针）的时期。进入结荚期之后开始形成经济产量。因此，结荚期和饱果期合称产量形成期。

一、花生产量的构成因素

花生产量一般是指单位面积内荚果的重量，是由单位面积株数、单株荚果数和单果重三个基本因素构成。一般情况下，株数是决定产量的主导因素，它主要受播种量、出苗率和成株率的影响；单株荚果数主要受第一、第二对侧枝发育状况、花芽分化状况以及受精率和结实率的影响，是一个非常不稳定的因素，变幅很大，少者只有3~5个，一般为10~20个，多则几十个；单果重主要由荚果内种子的粒数和粒重决定，其中粒重与果针入土的早晚和结荚期、饱果期营养的供应有关。

花生单位面积荚果产量（kg）=单位面积株数×单株果数/kg果数。三因素间既相互联系，又相互制约，通常情况下单位面积株数起主导作用，随着单位面积株数的增加，单株果数和果重相应下降，当增加株数而增加的群体生产力超过单株生产力下降的总和时，增株表现为增产，密度比较合理；花生单株结果数，因密度、品种和栽培环境条件而不同。一般花生高产田，要求单株结果数15~20个；果重的高低取决于果针入土的早晚和产量形成期的长短。在生产实践中，每公顷果数可达675万个，单果重可达3g，但二者不可能同时出现，单位面积果数和果重是一对矛盾。单位面积有一定数量的果数是高产的基础，较高的果重是高产的保证；花生从低产变中产或中产变高产，关键是增加果数；但要想高产更高产，就必须在有一定果数的基础上提高果重。一般疏枝大果花生品种，产量为6 000kg/hm^{2}左右的花生田，果数应达到300万左右；7 500kg/hm^{2}以上的花生田，要有400万~450万个花生果作保证。

二、花生的光合产物生产和分配特点及调控

花生产量决定于如下3个因素：群体光合物质生产能力，产量形成期所生产的光合产物分配到荚果中的比率和产量形成期的长短。

1. 群体光合产物生产能力

山东农业大学依据山东中间型高产中熟大果花生可能的最大光能利用率5.4%，推算每公顷花生最高荚果产量为17 275.5kg。群体物质生产能力与冠层光合能力密切相关，决定冠层光合能力的最主要因素是叶的光合速率和冠层叶面积大小及其分布。

（1）花生光合作用的特点和影响因素：花生虽属C$_3$作物，但光合效能却很高。据测定，花生群体光照强度达11万lx时，仍不见明显的光饱合（单叶光饱合点为6万~8万lx），光照强度减弱至800lx（一般在550~2000lx）时始见光补偿点。花生群体净光合速率可达50mgCO$_2$·dm^{-2}·h^{-1}，单叶净光合速率（Pn）高达34mgCO$_2$·dm^{-2}·h^{-1}；群体光合日变化呈单峰曲线，即自7时起逐渐上升，至12~13时达高峰，以后逐渐下降，至18时以后接近为零；单叶光合日变化呈双峰曲线，大峰在10~11时，低谷在15时，小峰在16时，且峰谷差率较小。花生主茎叶片一般比侧枝叶片大，主茎叶片的光合产物对全株各器官的生长发育均有重要作用。研究还表明，不同生育时期，不同层次叶片对植株生育的贡献不同，花针期、结荚期和饱果期主茎光合作用最强的叶片依次为5~7叶、9~11叶和15~16叶，而花生侧枝叶片的光合产物主要供应本侧枝茎叶和荚果。据山东农业大学研究，花生叶片展开至脱落，净光合速率呈抛物线变化：花生叶片展开后净光合速率迅速升高，至展开后20~25d达最大值，然后缓慢降低，至展开后50d左右迅速下降、60d左右脱落死亡，单叶功能期约30d左右。花生进入结荚期以后，主茎不同叶位净光合速率存在明显差异，顶3、4叶最强，其次是2、5叶，再次是6、7叶和1、8叶，9、10叶及其以下叶片，净光合速率已降得很低，以后不久即死亡脱落。

一般普通型品种的光合速率高于珍珠豆型品种，有些龙生型品种表现出较高的光合潜力，但品种的光合能力与其产量潜力无必然联系。花生光合的适温为25~30℃，温度升到40℃时，光合速率下降25%，温度降到10℃时，光合速率降低65%。花生叶片生长和叶面积扩展对土壤水分很敏感，净光合速率对干旱

的反应则相对比较迟钝，在土壤相对含水量50%～95%，花生净光合速率无显著差异，土壤相对含水量低于50%后，净光合速率才急剧下降。在田间生长的花生，在受旱过程中，逐步发生了一些有利于抗旱的"适应性"变化，以至在土壤相对含水量30%生长20d的花生，净光合速率仅下降15%，但严重受旱的花生，已受永久性伤害，复水后净光合速率仍不能赶上未受旱的。

（2）冠层叶面积：花生叶形较小，并能灵活转动改变其受光姿态，冠层的消光系数变动在1.1～0.75，最适叶面积指数的变化幅度在3～4.5。在叶面积较小时，小叶片趋于平展，消光系数可达1，叶面积指数（LAI）只需达到3，即可截获95%的辐射能；叶面积较大时，小叶片竖立，消光系数可降到0.7～0.75，叶面积指数4～4.5时仍能使冠层基部叶获一定光照，但叶面积指数过高，植株亦会过高，一旦倒伏，冠层的合理结构便会严重破坏。

产量形成期间冠层叶面积指数变动很大，无论春、夏花生，高产田叶面积指数发展动态的共同特点是：进入结荚期前后冠层封垄，叶面积指数达到3左右，以后平稳上升，最大叶面积指数保持在4.5～5（密枝亚种为5.5），进入饱果期后叶面积指数缓慢下降（不低于3.5），于收获时仍能保持2左右。如果花针期过早封垄，容易造成营养生长过旺和倒伏，生产上也常见产量形成后期（饱果期）由于病虫害、干旱及肥力不足等，导致叶面积指数急剧下降的现象。因此，花生产量形成期要特别注意协调好营养生长与生殖生长的关系，既要促叶面积增大和防旺长倒伏（产量形成前期），又要保叶防叶片早衰脱落（产量形成后期）。

2. 光合产物积累与分配规律

花生一生中的光合产物积累动态符合典型的"S"形生长曲线，可用Logistic方程$y=K/(1+ae^{-bx})$拟合，最大增长速率在结荚期的前半期（春花生出苗后70d、夏花生50d左右）；花生茎叶干物质积累动态可用一元二次方程$y=a+bx+cx^2$拟合，干物质积累高峰期在结荚末期，叶（春花生出苗后80d、夏花生60d左右）比茎（春花生出苗后90d、夏花生70d左右）提前10d左右达干物质积累高峰；花生荚果干物质积累动态也可用$y=K/(1+ae^{-bx})$拟合，最大增长速率在饱果初期（春花生出苗后95d、夏花生75d左右，最大增长速率分别为0.55和0.61g/株·d）。

对春、夏两种花生栽培模式干物质积累和分配规律分析表明：夏直播覆膜花生植株干物质各阶段积累量占全生育期的百分率，苗期为5.9%、花针期17.5%、结荚期64.6%、饱果成熟期12.0%；产量形成期76.6%。春花生植株干物质各阶段积累量占全生育期的百分率，分别为苗期6.2%、花针期15.8%、结荚期58.2%、饱果成熟期19.8%；产量形成期78%。结荚期是花生特别是夏花生干物质积累的重要时期，结荚期也是干物质日增量最多的时期，春、夏花生分别达到0.84g／株和0.64g／株；夏直播覆膜花生结荚期和饱果成熟期荚果重增长量分别占最终产量的66.4%和33.6%、结荚期明显高于饱果成熟期，而春花生分别为49.7%和50.3%、各占一半；荚果重日增量夏花生结荚期（0.40g／株）高于饱果期（0.33g／株），而春花生两期一致（均为0.31g／株），无论是全生育期还是产量形成期夏花生荚果重日增量均高于春花生。

干物质分配系数指某时期内荚果重增量与植株干物重增量的比率，它反映生殖生长与营养生长、库与源的关系。在高肥水条件下，营养生长一般较易达到高产要求的指标，但荚果产量未必很高。在过去的50年内，花生荚果产量提高了接近一倍，但其生物产量和作物生长速率并没有明显增加，主要是提高了分配系数。因此，提高分配系数是花生育种和栽培工作者共同关注的问题。夏直播花生的分配系数明显高于春花生，特别是饱果成熟期和产量形成期分别高达1.70和0.79，远高于春花生的1.18和0.57。由此看来，夏花生虽然生育期比春花生短30d以上，但夏花生前期生长迅速、干物质积累较快，以致结荚期和春花生一样长，饱果成熟期虽然比春花生短20d左右，但分配系数高，这正是夏花生高产的物质基础。

我国春花生高产（7 500kg／hm²以上）和夏花生高产（6 000kg／hm²以上）的实践证明，高产花生田除了具有较高的物质生产能力外，其经济系数几乎均在0.5左右，分配系数高达0.8～0.9。在生产中通过扩大产品库的数量（果数）和容量（荚果的大小），同时增强光合物质生产能力，在进入产量形成期后，使果数以较快速率增长，在较短时间内长够需要的果数，较快较早建成强大的产品库，可以提高经济系数和分配系数。分配系数提高必须以强大的物质生产能力为前提，分配系数过高，或虽不太高、但物质生产能力不强，就会过分削弱营养生长，导致早衰。后期营养体生长缓慢衰退，既保持较多的叶面积和较高的生理功能，产生较多的干物质，又能使这些物质主要用于充实地下荚果，提高分配系数，是花生高产的关键。

3. 产量形成期长短

春花生产量形成期长达80～90d，夏花生也有60d之多，这是花生能高产、稳产的原因所在。在适宜的光、温、水、肥条件下，延长产量形成期是提高产量的有效途径。疏枝中熟大花生能在我国北方表现高产稳产的原因之一就在于产量形成期较长，地膜覆盖栽培增产的根本原因也与提早结荚、延长产量形成期有关。延长产量形成期可以从"提前"和（或）"延后"两方面着手。一方面尽可能促早开花，早结果，以提早进入产量形成期；另一方面在生殖生长与营养生长协调的基础上，后期保根、保叶，防止叶片早衰脱落，以使产量形成期推后。

第二节　花生的品质形成

一、优质花生的品质指标

花生根据其用途不同，品质指标分为工艺品质、储藏加工品质和营养品质。

1. 工艺品质

大花生荚果普通型，果长，果型舒展美观，果腰、果嘴明显，网纹粗浅，果壳薄、质地坚硬、无斑点、颜色新鲜；籽仁长椭圆形或椭圆形，外种皮粉红色，色泽鲜艳，无裂纹、无黑色晕斑，内种皮橙黄色。小花生荚果蚕形或蜂腰形，籽仁圆形或桃形，种皮粉红色，无裂纹。

2. 储藏加工品质

花生油的亚油酸含量或油酸／亚油酸（O／L）比率是油质稳定性及花生加工制品耐储藏性的指标，O／L越高，油质越稳定、花生加工制品越耐储藏，但O／L过高，亚油酸含量偏低、营养品质下降（亚油酸是食品营养品质的重要指标，它具有降低人体血浆胆固醇含量的作用）。综合考虑耐储性和营养品质，一般大花生O／L比率要求在1.4以上，小花生1.0以上；从加工角度要求果、仁整齐、饱满，加工损耗少、成品率高。

3. 营养品质

花生营养丰富、用途广泛，以油用为主的品种，籽仁含油要在50%以上，其中亚油酸含量40%左右，O／L比率1.0左右；以食用为主的品种，要求低脂肪（含量50%以下），高蛋白（含量30%以上），亚油酸含量30%～35%，O／L比率1.4～2.0，同时注意提高蛋氨酸、赖氨酸、色氨酸和苏氨酸的含量。食用花生还要求口味香脆、颜色美观。

二、优质花生品质形成过程

1. 花生荚果发育过程中油脂的形成

油脂是由甘油和脂肪酸合成，甘油由葡萄糖糖酵解过程中的磷酸二羟丙酮转化而来。脂肪酸由呼吸代谢过程中的丙酮酸，生成乙酰辅酶A，经过一系列过程生成长链脂肪酸，然后生成不饱和脂肪酸。每增加一个2碳链，需要一个ATP、2个NAPH$_2$、放出一个水分子、吸收2个分子H。可见，油脂的原料来自光合作用，需要相当高的能量。荚果形成期（果针入土至入土后20～30d）内积累的物质主要是碳水化合物（还原糖、蔗糖、戊糖、淀粉等），油脂和蛋白质积累还很少，含油量一般低于30%；荚果充实期脂肪合成累积速率日益增长，很快达到累积高峰（果针入土后35～45d），以后累积速率逐渐变慢，但直到成熟脂肪含量都不断在增加。因此，从种子开始生长，籽仁中含油率随着荚果的发育成熟而提高。一批种子含油总量的高低取决于种子总体成熟度或成熟种子所占比例。不同品种间含油量变化很大（可达15%～22%），不同亚种之间或不同类型之间均有含油量高的品种和含油量低的品种。常有小花生品种或珍珠豆型花生含油量高的说法，这是因为小花生或珍珠豆型花生系早熟品种，饱果率较高之故。

油脂中O／L值的高低是花生的一项重要品质指标，O／L值大小因品种、种子成熟度和栽培环境条件而异。一般珍珠豆型O／L值较低，普通型较高，同一类型之内O／L值仍有较大的变异幅度，在各种类型花生中都有可能选出O／L值特高或特低的品种；随着种子成熟度的增加O／L值逐渐提高；地膜覆盖栽培花生或结果层温度较高和适宜的土壤湿度有利于提高O／L值，黏土地生产的花生O／L值高于沙土地、南方高于北方。

2. 花生荚果发育过程中蛋白质的形成

蛋白质是由氨基酸合成的，在花生种子发育成熟过程中，氨基酸等可溶性含氮化合物从植株的其他部位（主要是叶片）转移到种子中，在种子中合成为蛋白质，以蛋白质粒储藏在细胞中（大部分存在于薄壁细胞蛋白质体中，少量存在于胞质中）。在籽仁发育过程中，籽仁中蛋白质含量与籽仁干物质积累大体一致，呈"S"形增长曲线。随着种子发育成熟，蛋白质与脂肪含量虽都同时提高，但脂肪含量增长速率远快于蛋白质，使脂肪含量与蛋白质含量的比率逐步提高。成熟种子中蛋白质含量因品种而有较大的差异，变幅为16%～35.2%，各品种类型内不同品种的蛋白质含量均有较大差异，而类型之间亦有高有低、没有一致的差异。所以，在花生各种类型内均有可能选出蛋白质含量较高或较低的品种。多数测定结果表明，籽仁蛋白质含量与其含油量呈显著的负相关（$r=-0.6209$）。

花生蛋白质中约有10%是水溶性的，称作清蛋白，其余90%为球蛋白，二者的比例因分离方法的不同是（2～4）：1。花生球蛋白（Arachin）主要存在于蛋白质粒中，花生球蛋白（Conarachin）大部分分散存在于细胞质中，其中含有较多的必需氨基酸。在种子发育过程中，花生球蛋白主要在早期合成，而花生球蛋白则以中后期合成为主。因此，成熟度较差的花生种仁所含必需氨基酸较多，但蛋白质含量则较低。

三、优质花生品质形成的调控

花生品质好坏主要取决于品种，通过种间杂交、生物技术等育种手段，已经育出了一些优质品种。品质育种工作的主要障碍是品质与产量的相互制约关系，另外，营养品质中不同组分之间也会出现相互矛盾，如花生的含油量与蛋白质含量之间存在显著的负相关关系，而二者均是极为重要的品质指标，因此，培育专用的油用花生或蛋白用花生品种是花生品质育种的发展方向。不同栽培条件及措施对花生品质也有一定影响：地膜覆盖栽培、适期早播、中耕松土提高结果层温度，可以在一定程度上提高蛋白质和脂肪含量、增加油脂O／L比率；防止结荚期涝害、合理施用氮、钙、钼肥可提高籽仁的蛋白质含量；防止结果层干旱保持土壤适宜湿度、沙土地压黏土改善土壤结构可提高油脂O／L比值；选用大粒饱满、种皮完好的种子播种，避免结荚期干旱胁迫，可提高抗黄曲霉素侵染能力、防止黄曲霉毒素污染；此外，避免结荚期干旱胁迫，还可减轻种皮裂痕的发生、改善外观品质。另外，及时收获晾晒、防止霉捂是提高花生品质的重要保证。随着我国加入世贸组织，对花生品质提出了更高的要求，在花生生产过程中还要注意控制污染，如增施有机肥和生物肥、减少化肥用量，运用生物技术综合防治病虫害、减少农药用量，禁止使用污水灌溉和喷施各种有残留的有毒化学品等。

第五章　豫南夏播花生高产栽培技术

第一节　豫南夏播花生的发展和现状

夏播花生是豫南的主要秋季油料作物，亩产值高，效益好，在驻马店市、信阳市、南阳市集中种植，为当地种植业最主要经济来源，豫南常年播种面积700万亩以上。麦套花生，小麦收获之前，在麦垄里套种的花生。夏播花生，指在小麦、大麦、豌豆、油菜、马铃薯等夏作物收获后直播的花生。

夏播花生我国黄淮海和长江流域的冬（春）麦产区早有传统种植习惯，但过去由于生产条件差，无霜期短，光热不足，加之科学种田水平低，产量始终不高，仅为相同条件春花生产量的50%～60%，因而发展很慢。

自20世纪80年代以来，随着生产条件的不断改善，科学种田水平的提高，再加上地膜栽培技术的推广和立体种植技术的提高，麦套、夏播花生产量有了突破，因而种植面积得到迅猛发展。全国麦套夏花生种植面积近100万hm²，已占总种植面积的30%以上。

近几年来随着麦套、夏播花生面积的逐渐扩大，夏花生、小麦双高产配套技术有了新发展，种植方式和栽培管理也有了很大改进，产量有了很大提高。如四川省南充地区研究了小行和宽窄行麦套花生的配套技术，在较大面积上取得小麦每亩产量200～250kg，花生每亩产量250～350kg的好成绩；陕西省大荔县改革了小麦宽幅播种、花生宽行密套的麦套花生方式，设计了小麦套种花生每亩产量双250kg的配套技术；山东省在无霜期较短和麦田面积较大的地区改革了小垄宽幅麦套花生和大垄宽幅麦套果播覆膜方式，改善了花生、小麦两作物光热条件，调节了农活忙闲，提高了复种指数，获取了小麦花生双高产。在无霜期较长和人多地少的小麦精种高产区，采用了畦田麦夏直播覆膜花生的方式，小麦与花生没有共生期，可在充分发挥小麦增产潜力的同时，提高花生产量。

第二节　夏播花生生育特点

一、麦套花生生育特点

大垄宽幅麦套种花生由于小麦加宽播幅和套种行扩大，套期提前，花生生育期延长至135d左右，相当于中熟春播花生的生育期，改善了光热条件，但仍因前期与小麦共生期间的争光矛盾和后期气温低，而群体生长有前期缓升、后期锐降和中期突增的特点。

（1）营养生长中期锐增是干物质累积的关键：始花后20d"高脚苗"消除，茎枝同步生长，始花后30d茎枝叶片生长加速，40d达高峰，50d后缓降，60d主茎再无新生叶片，100d茎枝和单株叶片停止增长。始花后20~100d，叶面积系数由2增至3.5，再降至2；净同化率同步由4g / m^2·d增至6.5g / m^2·d，再降至3g / m^2·d。这80d中全株累积的干物质量占全生育期总量的87.6%。

（2）生殖生长中期猛增是后期经济产量形成的基础：大垄宽幅麦套果播覆膜花生单株开花总量69.7朵，成针率39.6%，结实率19.5%，饱果率5.5%。始花后50d为单株盛花期，80d终花。始花后15d形成果针，50d果针形成达高峰，90d已无新生果针。始花后50d进入结荚期，90d荚果形成达高峰，100d已无新增荚果。始花后80d进入饱果期，105d荚果充实饱满达高峰，120d再无饱满荚果形成。群体荚果产量在收获前40d内增加量占最终荚果产量的68.62%。

根据上述特点，在措施上促进中期生长速率，并延长这一高峰的持续时间，是夺取麦套花生高产的关键。

二、夏播覆膜花生生育特点

麦收后直播的花生，生育期较短，100~120d。由于前期气温高，中后期气温逐渐下降，其群体植株生长具有前期猛增，中期回落，后期陡降的特点。

（1）营养生长前期猛增是干物质累积的关键：始花后第一对侧枝生长加速，株形指数大于1。始花后20d，主茎叶片和单株叶片生长均达高峰，至始花后65d，茎枝和叶片生长渐趋停滞，至始花后70d，单株叶片和茎枝已停止增长。始花后10~70d，叶面积指数由2.5增至4.3，再降至2.5，净同化率不同步，由8g / m^2·d降至3g / m^2·d。这一期间累积的干物质量占全期总量的86.8%。

（2）生殖生长前期猛增是经济产量形成的基础：夏播覆膜花生的单株开花量72.5朵，成针率54.1%，结实率14.3%，饱果率6.8%。始花后25d为单株盛花期，45d终花。始花后10d成针，25d达高峰，60d无新增果针。始花后40d形成荚果，45d达高峰，80d已无新增荚果，70d已有饱果形成，90d达高峰，100d已无新增饱果。在收获前40d的群体荚果产量占最终荚果产量的70%。

根据夏直播花生生育期短和前期生长锐升，中、后期陡降的特点，要获取高产，必须在措施上促进前期早发，在提高光合产物积累速度的同时，延长中、后期光合产物积累转换时间。

第三节　小麦套种花生双高产配套技术

一、选地、调茬、耕作、施肥一体化

选土层深厚、有排灌条件、肥力中等的生茬。土壤有机质含量0.558%～0.825%，全氮含量0.045 6%～0.064 5%，水解氮43.6～250mg/L，全磷0.0495%～0.256%，有效磷15～25mg/L，有效钾50～75mg/L，活性钙0.1%～0.2%，pH值5.5～8。于秋收后种麦前及时深耕25～30cm，结合深耕每667m2铺施优质圈粪4 000kg，碳酸氢铵68.6～74.5kg，过磷酸钙（含有效磷12.59／5）53.3～55.5kg，氯化钾25～26.7kg（或草木灰250～260kg），一次作小麦基肥。另外，每亩安排34.3～37.3kg碳酸氢铵和26.7～27.7kg过磷酸钙，在小麦起身拔节，套种花生之前开沟施于花生垄内，作花生种肥。深耕施肥后耙平耢细，根据地势挖好台（条）田沟，并与小麦花生垄沟垂直挖好横截沟，搞好"三沟"配套，为小麦花生排灌打好基础。

二、搞好良种搭配，合理利用光热资源

小麦要选用弱春性、矮秆紧凑型的高产品种，花生要选用耐阴性好、中熟大果高产品种。

三、改革种植方式，充分发挥边际优势

为了解决麦套花生和小麦共生期间的争光矛盾，在尽量保持小麦土地利用面积的前提下，适当放大行距，加宽播幅，改大小沟麦套种为大垄宽幅麦套果播覆膜花生和小垄宽幅麦套花生方式。小麦在稳定每亩穗数的同时，发挥了边际优势，收到穗大粒饱增粒增重的效果。据测定，大垄麦每穗平均40.2粒，比大沟麦多2.5～3.6粒；千粒重36.2g，增加0.7～1.2g。小垄宽幅麦每穗粒数平均39.8

粒，比畦田麦多6.5～8.3粒；千粒重增加1.7～3.2g。小麦对花生的遮光影响大为减少，"高脚苗"出现晚，恢复快。

套种方式如下。

1. 大垄宽幅麦套果播覆膜花生方式

秋种时两犁起垄（带犁铧），垄距90cm，垄沟内用20cm双行宽幅耧播种两行小麦（或播一个5～6cm的大宽幅带），小行距20cm，大行距70cm，起成平面垄，垄面宽50cm，垄高10～12cm，于小麦起身拔节时（胶东地区约在4月上旬），在大垄内套种2行中熟大果花生（仁播或果播均可），垄上小行距25～30cm，穴距16.5～18.5cm，每亩种8 230～8 797穴，每穴播2粒种，然后覆盖75～80cm宽的微地膜。

2. 小垄宽幅麦套花生方式

秋种时起垄，每条带宽40cm，用宽幅耧播种一行宽幅麦，幅宽6～7cm，小麦实际行距33～34cm。套种麦垄通风透光性好于小沟麦垄，可于麦收前20～25d，套种1行早熟大果花生，穴距16.5～20cm，每亩种8 333～10 000穴。

四、早套、果播、覆膜，严把播种规格质量关

1. 大垄宽幅麦套覆膜方式

小麦要根据品种特性适期播种，特别是弱春性小麦品种，播种期可比一般冬性强的品种推迟5～10d，以确保麦苗安全越冬，其播种量不少于一般麦田播量的80%。大垄麦田通风透光性好，花生套播期可适当提前，一般在4月上旬结合浇小麦起身拔节水，足墒早播（比大沟麦套种提前40多天）。为达到苗全苗壮，种子要精选大粒饱满果，浸种后播种时要将双仁果掰开，前室果和后室果分播。开沟深3～5cm，并粒平放点播，每穴2粒，及时覆土压实和耢平垄面，随即覆盖地膜。由于套期早，气温低和透光性好，花生基本上不出现"高脚苗"，还起到蹲苗作用，壮苗率一般都达到90%以上。由于早套增加活动气温积温50℃，覆盖地膜增加活动地温积温250～350℃，花生根系和茎枝早生快发，结实早而集中，饱果率显著提高。

2. 小垄宽幅麦套种方式

小麦播种期和播种量同一般丰产田。为了确保花生苗全苗壮，花生种要严格粒选，于麦收前20～25d，结合浇小麦扬花水，开沟套种一行花生，并注意播深一致。由于小垄宽幅麦的套种行放大，套种期适当提前，花生"高脚苗"大为减少，饱果率比小沟麦套和畦田麦窄行套分别提高10.5%和15.6%。

五、因地增施铁肥，控制黄心叶病

豫南潮土和洼区砂姜黑土，由于土壤偏碱（pH值8～8.5），大雨或灌溉之后，花生田土壤有效铁缺失（含有效铁3.1～6.8mg/L），花生新生心叶失绿呈现黄白色，严重影响其正常生长和叶片的光合效率而导致减产。麦套花生生长前、中期正是雨季，黄心叶病特别严重，一般减产15%～25%。在发病区于秋种小麦时或麦套花生之前，每亩撒施或集中条施硫酸亚铁（黑矾）2.5～3kg，或在花生始花后，每亩叶面喷施0.3%～0.5%硫酸亚铁溶液30～50L，对控制花生黄心叶病有明显效果，每亩增产荚果34～60kg，增产率17%～24%。

六、认识生长规律，加强促保管理

麦套花生生育期135d左右，前期与小麦有30d左右的共生期，因此，其生长有前期缓升、后期锐降和中期突增的规律。根据这一生长规律，应在田间管理上加强前中期猛促和中后期保叶防衰的措施。

1. 前期管理

小垄宽幅麦套花生6叶期，如遇干旱应立即轻浇匀浇麦黄水，以促根早发和花器官的形成，麦收后如套种前未施足基肥，要在花生8叶期或9叶期，结合破麦茬和穿沟培土，每亩追施磷酸二铵10～15kg，并在追肥后立即浇好初花水，以促进侧枝分生和前期花大量开放。要及时防治蚜虫和蓟马，杜绝病毒病的传播。大垄麦套覆膜花生，要在播后20～25d顶土（顶叶未露土）时立即破膜，并在膜孔上盖约3cm的土墩，以避光引苗出土，至子叶伸出膜面以上时再破墩清棵。花生6叶期结合浇小麦扬花水促前期花器官形成，至8叶期结合浇麦黄水促进花生侧枝早发和前期有效花开放，麦收后9～10叶期及时用犁穿沟起垄灭茬，压住膜边，并及时追肥，结合轻浇匀浇花针水，促进花生大批果针入土结实。

2. 中期管理

（1）早防叶斑病：为促使花生群体最大绿叶面积维持一个较长时间，以增加更多的光合产物，必须于花生始花后10～15d根据叶斑病种类和病情，及时防病。结荚饱果期要注意防治网斑病和锈病。

（2）培土迎果针：小垄宽幅麦套花生不覆膜要注意及时锄草，并抓住适墒，搞好花生封垄前的培土，以利于高节位果针入土结实。

（3）治虫保花果：麦套花生如未施盖种农药，在结荚期要注意防治蛴螬；

伏季高温多湿，应及时防治棉铃虫。

（4）浇好花果水：麦套花生高产的关键是发棵增叶，确保一个较大的总生物体。如7—8月久旱不雨，应及时采用小水沟轻浇润灌，满足花生对水分的要求，以增大群体绿叶面积，累积更多的光合产物。

3. 后期管理

（1）喷肥保顶叶：花生结荚后期，要及时向叶面追施氮、磷肥，以延长顶叶功能，提高荚果饱满度。

（2）排灌增饱果：如遇秋旱，应立即轻浇润灌饱果水，以保根保叶，增加荚果饱满度。秋季多雨遇内涝，要及时排水防渍。

第四节　夏直播花生双高产配套技术

一、选地调茬，深耕增肥

1. 选地调茬

选中等以上肥力的生茬地，要求pH值7.2～8.5，有机质含量0.8%～1%，全氮0.065%～0.096%，全磷0.062%～0.256%，水解氮150～350mg/L，速效磷25～40mg/L，速效钾80～100mg/L，活性钙0.16%～0.18%。土层深厚，有排灌条件。

2. 深耕增肥

在秋耕种麦前，将翌年夏花生的肥料全部施在当茬小麦上，即每亩铺施圈粪4 000～5 000kg，尿素25.9～28.2kg，标准过磷酸钙50～83.2kg，氯化钾25～26.7kg。深耕25～30cm为准，耙平耱细，按小麦常规高产田的要求播种小麦，翌春小麦起身拔节期，再追施适量氮肥。若秋种小麦未施花生肥，可在翌年麦收后、夏直播花生之前，每亩再施尿素16.3～21.74kg，过磷酸钙53.3～64kg，氯化钾12.5～16.7kg。播种前后一定要修挖台（条）田沟、横截沟与垄沟，实行三沟配套，以利于排灌。

二、良种搭配，衔接茬口

为了获取两茬双高产，在良种搭配上要计算生长期，以利于衔接茬口，发挥前、后作的更大增产潜力。小麦良种要搭配早熟或早熟偏晚的高产品种。

三、早字当头，抓住农时

要获取夏花生小麦两茬双高产，必须在播种期上早字当头，抢抓时间，最大限度地使两茬作物充分利用各地的热量资源。两茬作物的播种适期：豫南地区小麦在10月5—25日，夏花生在6月5—10日，确保生育期足够长。

四、依靠群体，以密取胜

夏直播花生植株个体生育较小，为获取群体高产，应以密取胜。采用高畦覆膜双行种植，如种中熟偏早的小果型品种，畦距73cm，畦高10～12cm，畦面宽43cm，每畦种2行花生。小行距23cm，大行距50cm，平均行距36.5cm，穴距13.2cm，每亩种1.21万～1.36万穴，每穴播2粒。若采用中熟大果型品种，畦宽80cm，畦面宽50cm，种2行花生，小行距30cm左右，大行距50cm左右，平均行距40cm，穴距15～16.5cm，每穴播2粒，每亩种10 000～12 500穴。

五、覆膜播种，增温壮苗

为防止开膜孔"闪苗"，一定要采取先覆膜后打孔播种的顺序。要求麦收时矮茬割麦，在铺肥、造墒、浅耕灭茬（或直接起畦）的基础上，按照上述密度，采用四犁起畦，头两犁要打透犁，后围穿两犁要宽而浅，确保畦面矮而平和不起垡块，不露麦茬。覆膜时要做到：畦面平、畦坡陡，除草剂不漏喷，膜与畦面要贴紧，两膜边要压实。然后按密度规格要求在覆好膜的畦面上用打孔棒打孔播种。孔径3.5～4cm，深约3cm。选一级大粒饱满种子，并粒平放点播，及时覆土压实，最后再在膜孔上盖土3～4cm，堆成小土墩，以利于避光引苗出土。

六、加强管理，促控结合

1. 前期促早发

花生出苗后及时清除压埋播孔的土墩，抠出膜下侧枝。始花后如遇伏前旱，轻浇润灌初花水，以促进前期有效花大量开放。花生齐苗后，彻底防治蚜虫和蓟马，杜绝病毒病的传播。

2. 中期保稳长

（1）早防叶斑病：始花后10d左右，根据病情每10d喷药1次，共喷3～4次，防治叶斑病和网斑病或锈病。

（2）及时治虫：结荚初期发现蛴螬、金针虫为害，及时用药液灌穴或颗粒毒沙撒墩。伏季高温多湿，3代棉铃虫大发生时，及时用药喷杀。

（3）控上促下：在始花后30～35d，如植株生长过旺，有过早封行现象，可在叶面每亩喷施30～75mg/L多效唑溶液50L，以抑制营养生长过旺，促进营养体光合产物的转移，增加荚果饱满度。

3. 后期防早衰

（1）喷肥保叶：结荚后期及时向叶面喷施尿素和过磷酸钙水澄清液1～2次，以延长顶叶功能期，提高饱果率。

（2）浇水保根：饱果成熟期，如遇秋旱，应及时轻浇润灌饱果水，以保根保叶，增加荚果饱满度。

第六章　花生种植新技术的应用

第一节　微肥和根瘤菌剂

一、微量元素肥料

在花生的全生育过程中，除吸收足够数量的氮、磷、钾、钙、镁、硫等常量元素外，还必须吸收一定数量的硼、钼、锌、锰、铁等微量元素。这些微量元素虽仅占花生植株体成分的百万分之几，但它们多数是酶和维生素的组成成分，有特殊的生理功能，是不可缺少的重要元素。目前，花生广泛应用的主要是硼、钼、锌和铁等微量元素肥料及稀土肥料。

（一）硼素肥料

1. 功能

（1）促进碳水化合物的运转：硼能加速糖的运转，同时生长素也需伴随糖进行运转，因而施硼肥也促进了生长素的运转。

（2）促进生殖器官的正常发育：花器官含硼量较高，尤其柱头和子房最高，它能刺激花粉的萌发和花粉管伸长，有利于受精和结实。缺硼使生殖器官发育不良，不能形成种子。

2. 效果

据检验，硼比较集中地分布在茎尖、根尖、叶片和花器官中。花生缺硼时根尖停止生长，叶片厚实呈褐色，茎生长点枯死矮小，花少针少，荚果空心，籽仁不饱满。硼致毒时，叶片中铁、蛋白质和叶绿素含量减少。在一些酸性有机质含量低的土壤施硼，花生可增产15%。

3. 施用方法

土壤有效硼含量低于1mg/kg为缺硼，低于0.5mg/L为严重缺硼。据测定，豫南花生产区土壤有效施用方法可分为以下几种。

（1）基肥施用：每亩以0.25～0.5kg硼砂为基肥，结合耕地与其他肥料一起均匀撒施，每亩可增产荚果18.1～33.5kg，增产率为11.98%～17.1%。

（2）拌种：每千克种子拌0.4g硼砂。将所需硼砂用适量清水溶解后，均匀地与种子搅拌在一起，或将种子摊平，用喷雾器将硼砂溶液均匀地喷洒在种子上，饱果指数可提高12.5%，每千克果数减少33.4个，增产荚果9.5%左右。若再加2g稀土混拌，饱果指数可提高16.1%，每千克果数减少29.4个，每亩增产荚果14.5%。

（3）喷施：叶面喷施最佳浓度为0.2%～0.3%。据试验，苗期、开花期、结荚期各喷1次的比单喷1次的好，比对照有效花多26.9%，增加根瘤数和荚果数各3.7个，饱果指数提高7.3%，每千克果数少80.4个，出仁率多1.6%，每亩增产荚果30kg，增产率为17.6%。

（二）钼素肥料

1. 功能

第一，钼是硝酸还原酶的组成成分之一，而作物吸收的硝酸态氮必须在硝酸还原酶的作用下还原，转变为氨才能被同化。第二，能促进豆科作物根瘤的固氮作用和增进叶片光合作用的强度。缺钼，硝态氮积累，氮素同化受到抑制，呈现植株矮小，叶片失绿，生长缓慢，甚至叶片枯萎，以致坏死。根瘤少而小，固氮能力减弱。

2. 施用方法

土壤中有效钼含量低于2mg/L就应补施钼肥。花生产区土壤有效钼含量多在此界限以上。施用方法如下。

（1）拌种：拌种时，钼酸铵每亩用量15g，先用少量热水溶解，再用冷水稀释到3%的浓度和种子一起搅拌，或把种子摊开，喷洒溶液，翻动种子，晾干后播种。比对照的每亩增产荚果39.4kg，增产率为24%。

（2）浸种：浸种的钼酸铵用量为每亩15g，稀释浓度0.1%，浸泡种子12h，种子与溶液之比为1∶1。浸至种子中心尚有高粱粒大小的干点最为适宜。可比对照每亩增产荚果21.8kg，增产率为13%。

（3）喷施：叶面喷施浓度为0.1%，每次每亩用钼酸铵15g，对水15L，搅拌溶解后于苗期和花针期各喷1次，每亩增产荚果41.7kg，增产率为19.9%。另据试验，钼肥不同施用方法对花生增产效果不同：拌种加花针期喷施高于拌种；拌种又高于苗期加花针期喷施；苗期加花针期喷施又高于花针期喷施；花针期喷施又高于苗期喷施。

总结各地经验，钼肥每亩用量6～15g，拌种浓度2%～3%，浸种浓度

0.05%～0.2%，喷施浓度0.1%～0.2%为宜。

（三）锌素肥料

1. 功能

锌是植物体内许多酶的组成成分，对二氧化碳光合反应等许多代谢过程有影响，能促进植物生长素的合成，对蛋白质合成有明显的促进作用，能使碳水化合物转化和籽仁产量提高。花生缺锌，茎枝节间缩短，叶片小而簇生，叶色黄白，出现黄白小叶症。

2. 施用方法

在肥力较低的石灰性沙土中，有效锌低于0.5～1mg/L就应补施锌肥。其施用方法，主要是浸种。大田生产，用0.15%浓度的硫酸锌溶液浸种12h后播种。经大面积推广应用，可提高花生产量12.5%～13.2%。另外，用0.2%硫酸锌溶液与硫酸亚铁溶液混喷花生叶片，可防止花生黄白叶症。

（四）铁素肥料

1. 功能

铁为合成叶绿素不可缺少的营养元素，是与呼吸有关的细胞色素氧化酶、过氧化酶的组成成分，能由三价铁还原成二价铁，参与植物体内氧化还原过程。由于铁的活性小，老组织的铁不能再被新生组织利用，因此，土壤中有效铁缺乏，根系不能及时吸收到铁时，植株下部老叶片保持绿色，顶部新生嫩叶出现失绿症，新生叶片往往呈现黄白色。它与缺锌造成的黄白小叶症不同之处，是叶片原大而失绿。

2. 施用方法

豫南湖洼地区砂姜黑土、潮土等花生产区缺铁严重。其原因，首先由于土壤pH值大于或等于8，使有效铁严重缺失，含量只有3～4.5mg/L；其次是不良的气候条件，如连降大雨，排水不良，盐类水解，介质变碱，造成有效铁降低；第三是长期过量施用碳酸氢铵，使重碳酸根离子大量积存，提高了pH值，造成有效铁减少，致使花生发生缺铁症状。据统计，全国花生缺铁面积达40多万hm^2。针对以上情况，应补施铁素肥料。其方法主要有基施和叶面喷施2种。基施以每亩3～4kg硫酸亚铁（又名黑矾），结合冬春耕地与土杂肥混合均匀撒施耕翻于地里，以补充土壤有效铁含量，对防治花生黄白叶症有明显效果。另外，基施与喷施结合，或与其他微量元素混喷，效果更为显著。

喷施硼砂、硫酸锌和硫酸亚铁2次，每亩产荚果327kg，增产16.4%。铁的活性差，喷施次数要多，要喷在新生叶片上，不要喷到中下部老叶上。

（五）稀土肥料（主要是硝酸稀土，含氧化稀土38%）

1. 功能

稀土含有镧、铈、镨、钕、钷、钐、铕、钆、铽、镝、钬、铒、铥、镱、镥和钪17种稀有元素。稀土虽不含有作物生长的必需元素，但施用后对多种农作物均有促进生长和增产的效果。能使花生提早开花，增加有效花量，促进植株干物质的积累，促进荚果发育和籽仁充实，能促进植株营养体生长，提高光合效能，促进根瘤形成。

2. 施用方法

目前主要是施用硝酸稀土肥料。稀土对花生出苗势有明显的抑制作用，不宜拌种。以叶面喷施增产效果好。喷施浓度，苗期为0.01%，始花期为0.03%。其效果以喷3次的最好，喷2次的又好于1次。另外，稀土与硼肥配施优于与钼肥配施。但只有在严重缺硼、钼的地方才可配合施用，且不能混合喷施。

二、花生根瘤菌剂

根瘤菌剂是一种细菌肥料，经我国花生主产区多年应用证明，花生接种根瘤菌剂，增产效果显著，是一项经济有效的技术措施。

（一）根瘤菌与花生氮素营养的关系

花生根瘤菌剂是用科学的方法从土壤或植株中分离出来的生活力强、固氮能力高的优良根瘤菌株，经人工繁殖培养制成的粉剂或液体细菌肥料，它本身不含有作物需要的大量营养元素，而是通过根瘤菌活动，固定空气中的氮素，增加氮素养料，促进花生增产和提高土壤肥力。

据测定，花生对氮素营养的吸收积累量随植株的生长进程逐步增加，其阶段绝对吸收量以结荚期为高峰，以后逐步减少，而根瘤菌的固氮由花生出苗后25天（始花期）开始，至饱果期逐步增大，它的固氮和供氮高峰期均为结荚期，这与花生氮素吸肥量是一致的。即苗期至花针期固氮率为25.57%，花针期至结荚期38.36%，结荚期至饱果成熟期为36.07%。

（二）根瘤菌接种效果与施用方法

1. 花生根瘤菌接种效果

我国自新中国成立初期就大面积推广花生根瘤菌剂，特别是近几年，由于采用人工诱变、遗传变异、血清学技术、气象色谱新技术，为选育生产活性根瘤菌剂开辟了新途径。据统计，全国生产根瘤菌剂工厂有200余家，分布于辽宁、河北、江苏、山东、广东、湖北、湖南等省。各省花生接种面积年平均为

5.6万hm^2。每亩，增产率为10%～12.4%。若按每亩增荚果17.5kg计算，共增产荚果1 470万kg，纯收益949万元，收益约为投资的38倍。花生产区应积极应用根瘤菌剂这一投资少、收益高、简单易行的增产技术。

2. 花生根瘤菌剂型

花生根瘤菌剂增产效果的优劣，除受菌株质量影响外，剂型选用也很关键。好的剂型是含菌数高、杂菌少的优质菌剂。一般要求每克草炭菌剂含活性根瘤菌5亿～10亿或以上。储藏温度不能超过25℃。否则，会降低对植株的感染力。花生根瘤菌剂型有5种。

（1）草炭吸附菌剂：它是多年来国内外普遍采用的老剂型，优点是简便易施，便于推广。缺点是黏附不好，附在种子上的部分菌剂随种子发芽出土，易被阳光杀死。

（2）种子丸衣剂：为增进根瘤菌在土壤中的成活率及感染根毛能力，近年来研究推广了种子丸衣接种剂（又称球化种子），即用黏着剂（甲基纤维素等）、难溶性的粉状物，如碳酸钙、石膏和磷肥（磷矿粉）、微量元素等作赋形物制丸。先将黏着剂调匀，再倒入根瘤菌充分搅拌，最后加入粉状物滚动制成丸衣。根瘤菌得到保护，并含有一定的肥料，根瘤菌早侵入早结瘤。

（3）颗粒剂：是目前国内试验研究的新剂型。其优点是经杀菌或杀虫处理过的种子与菌剂分开施用，菌剂播种沟施，用量可以增大。

（4）冷冻菌剂：在南方已小面积推广，它能降低运输成本和便于储藏。

（5）斜面琼脂加液状石蜡剂型：采用此剂型接种花生也获得良好的增产效果。

另外，据国外资料报道，目前正在研究的"包裹"剂型，为保持根瘤菌成活率和根瘤菌侵入豆科作物根部创造了良好的条件。

3. 施用方法

花生根瘤菌剂是一种生物制剂，应妥善放置在阴凉黑暗处保存。有效期6个月，过期失效。它主要用于花生播前拌种。每亩花生种用25g，含活菌15亿个以上。先用150～250ml清水和匀，然后倒在花生种子上轻轻搅拌，使每粒种子都黏着黑粉即可播种。播种时，种子要用湿布盖好，防止风吹日晒，要随拌随播，当天用完，以免降低根瘤菌的成活率，影响效果。生茬地和重茬地均可施用，生茬地施用增产效果尤为显著。花生根瘤菌剂不可与硫铵、杀菌剂、炉灰等混合拌种，应分开施用。可以与磷肥同时施用，如增施过磷酸钙等磷肥作基肥，效果更好，磷能促进根瘤生长，以磷增氮效果更显著。

第二节　植物激素与生长调节剂

一、植物激素

植物激素种类繁多，而在花生栽培上应用效果较好的主要有赤霉素、三十烷醇等。

（一）赤霉素

赤霉素俗名九二○。是人工从赤霉菌的分泌物中提炼出的一种白色粉状活性物质。

1. 功能与效果

赤霉素是植物体中广泛存在的激素，是一种植物生长促进剂。施用后能加速植株根系和茎枝的伸长，但不改变节间的数目；能有效地打破种子的休眠，促进发芽；能促使植株组织的呼吸加强，光合产物运输加快，使正在生长的茎尖、幼叶、果实得到较多的光合产物而加速生长。

花生施用赤霉素，使主茎和侧枝明显增高，分枝数目增多，高节位果针显著延长，果针入土率、结实率和饱果率提高。因此，在中等偏下土壤肥力和不发苗的花生田，施用赤霉素可显著提高花生产量，一般增产率在10%左右，高的可达15%~20%。据锦州市农业科学研究所试验，一般花生田，初花和盛花期各喷1次，花生主茎平均增高1.7cm，分枝数平均增加0.8条，荚果分别增产16.3%和18.5%。另据试验，花生播前用赤霉素浸种，可提前出苗2~3d，增产率为12.4%~19.6%。

2. 施用方法

可浸种或叶面喷施。

（1）浸种：在花生播种前将分级粒选的种子，首先放入清水中浸泡2~3h，然后再将浸泡过的种子，移到30~40mg/L赤霉素药液中浸泡1~2h，晾干后播种。药液的配制：称取0.3~0.4g赤霉素药粉加入少量酒精溶解后，再倒入10L清水搅拌混匀即可。

（2）喷叶：在花生生长期间，叶面喷施有显著促进生长的效果，但花期喷施效果最好。据试验，幼苗期喷施增产6.5%~11.5%；始花期喷施增产7.2%~16.3%；盛花期喷施增产8.2%~18.5%。喷施次数以1~2次为宜。喷施浓度以30~40mg/L为佳。药液配制：称取1.5~2g赤霉素药粉，加少量酒精溶解后，再加50L清水搅匀，可供亩花生田喷施。

3. 注意事项

高产田不宜施用。喷施的浓度不宜超过50mg/L。浸种时间不宜过长，喷施次数不宜过多。忌与碱性农药混合施用。

（二）三十烷醇

三十烷醇又名蜂蜜醇，是一种天然植物激素。人工提炼的三十烷醇为白色片状结晶，几乎不溶于水。我国农用的三十烷醇是0.1%的乳剂，可直接加水配成所需浓度的水溶液。

1. 功能与效果

其功能主要是促进植株体碳氮代谢，增加叶绿素，提高光合强度，增加干物质积累，并能促进营养体光合产物向生殖体转移的速率，以增加作物产量。用三十烷醇浸种可促进花生种子发芽，出苗快而齐，花芽分化集中，增加有效花量，提高结实率和饱果率。据试验，可使花生每亩增荚果14.5～27.6kg，增产率为8.3%～13.1%。生育前期叶面喷施，可抑使花生每亩增荚果33.25～61.35kg，增产率为12.3%～22.8%。

2. 施用方法

浸种或在生育期叶面喷施均可。浸种浓度为0.5mg/L。即量出0.1%的三十烷醇乳液2.5ml，加清水5L搅匀，放入亩用的花生种子（约12kg）浸泡4h，种子将药液吸完后，即可播种。叶面喷施，以幼苗期和单株盛花期前为佳，如果在下针结荚期喷施，能促使茎枝徒长，对荚果的形成不利。喷施浓度，幼苗期以1mg/L为宜，单株盛花期前以0.5mg/L为宜，浓度过大能造成花生营养生长与生殖生长失调，降低荚果产量。喷施要在晴天15时以后进行，每亩喷施30L水溶液即可。如配30L0.5mg/L的水溶液，可量取15mg0.1%的三十烷醇乳剂加入30L清水；配1mg/L水溶液，三十烷醇用量应加倍。

3. 注意事项

① 叶面喷施不宜在上午有雾和露水或烈日当空时进行，以免降低药效或影响叶片吸收。

② 叶面喷施以植株上下叶片湿润为度，不要使药液从叶片淌流。

③ 喷施次数不要过多，在花生苗期和开花期各喷1次即可。

二、生长调节剂

为人工合成的化工产品。在花生生产上应用面积大，效果显著的主要有多效唑、调节膦和助壮素、三卤苯甲酸等。

多效唑，又名P333，是一种植物生长延缓剂，也是一种杀菌剂。农业生产上应用的多效唑是有效成分含量15%的可湿性粉剂。

1. 功能与效果

多效唑具有阻碍植物体赤霉素生物合成的作用，是一种与赤霉素拮抗的活性物质，施用后能强烈地延缓花生茎枝生长。并能使叶片增厚，增加叶片气孔阻力和增大贮水细胞的体积，降低叶片蒸腾速率，提高花生的耐旱能力。另外，多效唑制剂还具有杀菌能力，对花生叶斑病和根腐病等病害有一定防治效果。具有抑制植株徒长，减少无效花，促进根系生长，提高结实率和饱果率的效能。

经河南、山东、江西等省大面积高产田对比试验，适时喷施多效唑，能使花生主茎缩短13.8%～24.3%，侧枝缩短11.1%～36.5%，总分枝数增加3.3%～23.8%，单株结果数增加9.8%～13.7%，百果重提高5.8%～7.5%，饱满果指数提高5.5%～9.3%，荚果增产15%～24.5%。

2. 施用方法

（1）施用浓度：喷施的适宜浓度为25～75mg/L，以50mg/L为最佳。如每亩配制50L50mg/L的水溶液，可称取有效成分含量15%的多效唑可湿性粉剂16.7g，直接放入50L清水中混匀即可。施用时喷于花生顶部叶片。

（2）喷施适期：多效唑用于花生高产田，以控制地上部生长，促进地下部生长，因此喷施适期以花生单株盛花期至结荚初期为宜。过早，阻碍花生植株正常生育，减少有效花量；过晚，不能有效地控制花生植株徒长倒伏。

3. 注意事项

① 多效唑虽对花生叶斑病和根腐病有一定的防效，但能诱发后期锈病，因此在花生生长后期应注意防治锈病。

② 多效唑喷叶面后8h如遇雨，待晴天后要重喷。

第三节　杂草和化学除草剂

一、花生田间主要杂草

（一）马唐

属禾本科1年生杂草，遍布大江南北。在北方花生产区，每年春季3—4月发芽出土，至8—10月发生数代，茎叶细长，当5～6片真叶时，倾伏地面匍匐生长，节上生不定根芽，不断长出新茎枝。总状花序，3～9个指状小穗排列于茎秆顶部，每株可产种子2.5万多粒。由于生长快，繁殖力特别强，能夺取土壤中大量的水肥，影响花生生根发棵和开花结实，造成大幅度减产。可采用扑草净、都尔、甲草胺等化学除草剂防除。

（二）狗尾草

属禾本科1年生杂草。我国南北方花生产区均有分布。茎直立生长，叶带状，长1.5～3cm，株高30～80cm，簇生，每茎有一穗状花序，长2～5cm，3～6个小穗簇生一起，小穗基部有5～6条刺毛，果穗有0.5～0.6cm的长芒，棒状果穗形似狗尾。每簇狗尾草可产种子3 000～5 000粒，种子在土中生活20年以上。根系发达，抗旱耐瘠，生活力强，对花生生长影响甚大。可用甲草胺、乙草胺、都尔等防除。

（三）蟋蟀草

俗称"牛筋草"，属禾本科1年生杂草。是我国北方主要的旱地杂草之一，每年春季发芽出苗，1年可生2茬。夏、秋季抽穗开花结籽，每茎3～7个穗状花序，指状排列。每株结籽4 000～5 000粒，边成熟边脱落，种子在土壤中寿命可达5年以上。根系发达，须根多而坚韧，茎秆丛生而粗壮，很难拔除。耐瘠耐旱，吸水肥力强。花生受其危害减产很大。可采用甲草胺、扑草净防除。

（四）白茅

属禾本科多年生根茎类杂草。有长匍匐根状茎横卧地下，蔓延很广，黄白色，每节有鳞片和不定根，有甜味，故名甜根草。茎秆直立，高25～80cm。叶片条形或条状披针形；圆锥花序紧缩成穗状，顶生。穗成熟后，小穗自柄上脱落，随风传播。茎分枝能力很强，即使入土很深的根茎，也能发生新芽，向地上长出新的枝叶。多分布在河滩冲积沙土花生产区。由于它繁殖力快，吸水肥力强，严重影响花生产量的提高。采用噁草酮加大用药量防除，有很好的效果。

（五）马齿苋

俗名"马齿菜"，属马齿苋科，1年生肉质草本植物。茎枝匍匐生长，带紫色，叶楔状长圆形或倒卵形，光滑无柄。花3～5朵生于茎枝顶端，无梗、黄色。蒴果圆锥形，盖裂种子很多，每株可产5万多颗种子。也是遍布全国旱地的杂草之一。在我国北方，每年4—5月发芽出土，6—9月开花结实。根系吸水肥能力强，耐旱性极强。茎枝切成碎块，无须生根也能开花结籽，繁殖特别快，能严重影响花生产量，因此要及时消灭。采用乙草胺和西草净等化学除草剂，进行地膜覆盖，有较好的防除效果。

（六）野苋菜

种类很多，主要有刺苋、反枝苋和绿苋，属苋科，1年生肉质野菜。茎直立，株高40～100cm，有棱，暗红或紫红色，有纵条纹，分枝和叶片均为互生。叶菱形或椭圆形，腋生或顶生穗状花序。每株产种子10万～11万颗，种子在土壤中可存活20年以上。是我国南北方旱地分布较广的杂草之一。北方每年4—5月发芽出土，7—8月抽穗开花，9月结籽。由于植株高，叶片大，根须多，吸水肥力强，遮光性大，对花生危害严重。地膜栽培时，采用西草净、噁草酮、乙草胺等除草剂均有很好的防除效果。

（七）藜

俗名"灰菜"。属藜科，是我国南北方分布较广的1年生阔叶杂草之一。在我国北方4—5月发芽出苗，8—9月结籽，每株产籽7万～10万粒。种子可在地里存活30多年。由于根系发达，植株高大，叶片多，吸水肥力强，遮光量大，种子繁殖力强，对花生危害特别大。应及时采用乙草胺、西草净、噁草酮防除。

（八）铁苋头

属大戟科1年生双子叶杂草。是我国旱地分布较广的杂草之一。在北方春季3—4月发芽出苗，虽植株矮小，但生活力强，条件适合时1年可生2茬，是棉铃虫、红蜘蛛、蚜虫的中间寄主，是为害花生的大敌。应在春季进行化学防除，全年进行人工拔除，彻底消灭。用乙草胺、西草净等化学除草剂，防效很好。

（九）小蓟和大蓟

俗名"刺儿菜"，属菊科多年生杂草。分布全国各地。有根状茎。地上茎直立生长，小蓟株高20～50cm，大蓟株高50～100cm，茎叶互生，在开花时凋落。叶矩形或长椭圆形，有尖刺，全缘或有齿裂，边缘有刺，头状花序单生于顶端，雌雄异株，花冠紫红色，花期4—5月。主要靠根茎繁殖，根系很发达，可深达2～3米，由于根茎上有大量的芽，每个芽均可繁殖成新的植株，再生能力很强。因其植株高大，遮阴性强，对花生前中期生育影响很大。而且也是蚜虫传播的中间寄主植物。可应用乙草胺、西草净和噁草酮等化学除草剂防除。

（十）香附子

属莎草科多年旱生杂草。分布于我国南北方沙土旱作花生产区。茎直立生长，高20～30cm。茎基部圆形，地上部三棱形，叶片线状，茎顶有3个花苞，小穗线形，排列呈复伞状花序，小穗上开10～20朵花，每株产1 000～3 000粒种子。有性繁殖靠种子，无性繁殖靠地下茎。地下茎分为根茎、鳞茎和块茎，繁殖力特强。在我国北方4月初块茎、鳞茎和少量种子发芽出苗，

5月大量繁生，6—7月开花，8—10月结籽，并产生大量地下块茎，在生长季节，如只锄去地上部株苗，其地下茎1～2d就能重新出土，故称"回头青"。繁殖快，生活力强，对花生危害大。可用西草净和扑草净防除。

（十一）龙葵

属茄科1年生杂草，株高30～40cm，茎直立，多分枝、枝开散。基部多木质化，根系较发达，吸水肥力强。植株占地范围广，遮光严重。龙葵喜光，要求肥沃、湿润的微酸性至中性土壤。种子繁殖生长期长，在花生田5—6月出苗，7—8月开花，8—9月种子成熟，植株至初霜时才能枯死，花生全生育期均可遭其危害。可用乙草胺等化学除草剂防除。

二、几种化学除草剂的效果和施用方法

（一）甲草胺

又名拉索、草不绿。为43%～48%的乳剂，是推广花生地膜栽培以来大面积应用的除草剂之一。

1. 作用和效果

甲草胺是花生播后芽前施用的选择性除草剂之一，对人、畜毒性很小，其药效主要是通过杂草芽鞘吸入植物体而杀死苗株。对马唐、狗尾草等单子叶杂草防效较高；对野苋、藜等双子叶杂草防效较低。据试验，在播种花生时，立即喷施甲草胺乳剂，并于播种后20d调查，对单子叶杂草防效为92.1%，对双子叶杂草防效仅为33.3%。其持效期为2个月左右，1次施药可控制花生全生育期无杂草，同时不影响下茬作物生长。覆膜施甲草胺，在以单子叶杂草为主的花生田，一般苗期杀草率为88.9%，花针期杀草率为89.6%。

2. 施用方法和注意事项

（1）施用方法：甲草胺为芽前除草剂，施用时必须在花生播种后出苗前按施药量加水稀释为乳液均匀喷布地面。土壤保持一定湿度时，更能发挥杀草效能，因此施用甲草胺的效果覆膜好于露栽。南方花生产区气候湿润可露栽施用；北方气候干燥可覆膜施药。

最佳施药量为：43%～48%的甲草胺乳剂150～200ml/亩。覆膜的150ml/亩，露栽的200ml/亩。用时对水50～75L搅拌，充分乳化后喷施。露栽的花生播种覆土耙平后至出苗前5～10d均匀喷布地面，禁止人、畜进地践踏；覆膜的花生要在播种覆土后立即喷药，药液要喷匀、喷严，要把全部药液喷完，然后覆膜，膜与地面要贴紧、压实，以保持土壤温、湿度。另据试验，对野

苋菜、马齿苋、苍耳、龙葵等双子叶阔叶杂草较多的花生田，甲草胺可与除草醚、扑草净等除草剂混用，以扩大杀草谱，提高除草率。

（2）注意事项：

① 该乳剂对眼睛和皮肤有一定刺激作用，如溅入眼内和皮肤上要立即用清水洗干净。

② 能溶解聚氯乙烯、丙烯腈等塑料制品，需用金属、玻璃器皿盛装。

③ 遇冷（低于0℃）易出现结晶，已结晶的甲草胺在15~20℃时可再溶化，对药效没有影响。

（二）乙草胺

为50%乳油制剂，是近年来我国自己研究生产的新型除草剂。

1. 作用和效果

该药属酰胺类旱田选择性芽前除草剂，对人、畜低毒。它的药效主要是抑制和破坏杂草种子细胞蛋白酶。单子叶禾本科杂草主要是由芽鞘吸入株体；双子叶杂草主要是从幼芽、幼根吸入株体。被杂草吸收后，可抑制芽鞘、幼芽和幼根的生长，致使杂草死亡。但花生吸收后很快代谢分解，不产生药害而安全生长。主要杀除马唐、稗草、狗尾草、早熟禾、蟋蟀草、野黍等1年生禾本科杂草，对野苋菜、藜、马齿苋防效也很好。经试验，覆膜花生大面积应用，不仅用药少，成本低，而且效果好，对1年生单子叶杂草防效为99%以上，对1年生双子叶杂草防效为90%以上。但对多年生杂草低效或无效。

2. 施用方法和注意事项

（1）施用方法：乙草胺为芽前选择性除草剂，必须在花生播种后出苗前喷施于地面，覆膜比露栽防效高。每亩施药量，覆膜的50~100ml，露栽的150~200ml，对水50~75L，搅拌使药液乳化，于花生播种后，整平地面，将药液全部均匀地喷于垄（畦）面。地膜栽培的，于喷药后立即覆盖地膜；露栽的，于喷药后禁止人、畜进地践踏。

（2）注意事项：

① 乙草胺的防效与土壤湿度和有机质含量关系很大，覆膜和沙地药量应酌减，露栽和肥沃黏壤土地药量可酌增。

② 对黄瓜、水稻、菠菜、小麦、韭菜、谷子、高粱等粮菜作物敏感，切忌施用。

③ 对人、畜和鱼类有一定毒性，施用时要远离饮水、河流、池塘及粮食饲料等，以防污染。

④对眼睛、皮肤有刺激性，应注意防护。

⑤有易燃性，贮存应避开高温和明火。

（三）西草净

为我国自行生产的25%可湿性粉剂，是一种广谱性新型除草剂。

1. 作用和效果

西草净是内吸传导型选择性除草剂，主要通过杂草根系吸收，叶片也可吸收部分药剂传导到全株，抑制光合作用，使之饥饿而死。防除眼子菜有特效。能够有效地防除牛毛草、稗草、马唐、野慈姑、瓜皮草、刺儿菜、野苋菜、铁苋头、藜、蓼等杂草，并能防除施药前水面下的三棱草、鸭舌草等1年生杂草和部分多年生恶性杂草。经试验，对双子叶杂草防效好，施药后30d检查，对双子叶杂草防效达62.03%～86.6%，对单子叶杂草防效达58.1%～73%；施药后60d检查，对双子叶杂草防效达92%～97.2%，对单子叶杂草防效达61.9%～81.3%；施药后90d检查，对双子叶杂草防效达97.4%～99.3%，对单子叶杂草防效达43.3%～63.4%。

2. 施用方法和注意事项

（1）施用方法：该药是芽前选择性除草剂，应在花生播种后或覆膜前施用。施用方法可撒药土，也可喷药液。每亩用量，春播150～200g，夏直播100～125g。露栽用量要多些，覆膜用量要少些。

（2）注意事项：

①要整平地面，施药要均匀，药液要喷够，不重喷，不漏喷。

②该药在土壤中下渗很深，沙土地用量要酌减，沙性大的漏水田禁用。

③贮藏时应置阴凉干燥处，以防潮湿。但药粉潮解后药效不减。

（四）扑草净

为国产的50%可湿性白色粉剂，对金属和纺织品无腐蚀性；遇无机酸、碱分解；对人、畜和鱼类毒性很低。

1. 作用和效果

扑草净是内吸传导型选择性除草剂。它能抑制杂草的光合作用，使之因生理饥饿而死。对杂草种子萌发影响很小，但可使萌发的幼苗很快死亡。施于土壤后，能吸附在5cm以内土层的土粒上。主要防除马唐、稗草、牛毛草、鸭舌草等1年生单子叶杂草和马齿苋等1年生双子叶恶性杂草。花生旱田杀草率94%～99%。经试验，露栽施用毒土后12d检查，对龙爪草、莎草、光头稗、马齿苋的防效依次分别为96.8%、80.3%、92.8%和100%；施后37d检查，防效依次分别为100%、100%、7.8%和100%；施后60d检查，防效依次分别为100%、85.7%、0和100%；施后80d检查，防效依次分别为100%、100%、0和100%。

2. 施用方法和注意事项

（1）施用方法：每亩适宜用量为150～250g。施用方法分为露栽毒土法和覆膜毒液法两种。

① 露栽毒土法：即将每亩药量对入含水25%左右的过筛细沙土15～20kg。具体做法：先将扑草净与1/4的湿细沙土均匀混合后再和剩余湿沙土充分拌合，于花生播种后、出苗前均匀撒于地面。

② 覆膜毒液法：即将扑草净每亩用量对水50～75L，充分搅拌，使药粉溶解，于花生播种后均匀喷于垄面或畦面，随即覆盖地膜，每亩用量可酌减至150～200g。

（2）注意事项：

① 药量要称准，土地面积要量准，施药期要准，药土要混匀，毒土要撒匀，药液要喷匀，以免产生药害。

② 该除草剂在气温高过30℃时易生药害，因此夏播花生要减少药量或不用。春播花生低温时效果差，可适当加大药量。

③ 喷过药的喷雾器械，要反复冲洗干净，方能用于喷施其他农药，以免发生药害。

④ 扑草净在土壤中移动渗透性很强，对沙土地花生要慎用，以免污染地下水。

（五）噁草酮

又名农思他。为25%恶草灵乳油，目前，在我国南方花生产区作为主要的除草剂应用。

1. 作用和效果

噁草酮对人、畜、鱼类和土壤、农作物低毒，低残留，施用安全。是芽前和芽后施用的选择性除草剂。芽前施主要是杀死杂草的芽鞘；芽后施主要是通过杂草、芽和叶吸入株体，使之在阳光照射下死亡。对马唐、牛毛草、狗尾草、稗草、野苋菜、藜、铁苋头等双子叶杂草都有较好的防效，对多年生禾本科草雀稗也有很好的杀灭效果，总杀草率达94.5%～99.5%。如土壤湿度条件较好，加大用药量，对白茅草和节节草等多年生恶性杂草，也有很好的防除效果。它在土壤中的持续有效期为80d以上。据试验，花生芽前喷施后，在苗期杀草率达98.1%，花针期杀草率达99.4%。噁草酮在苗后喷施对整株的酢浆草和田旋花

（打碗花）特别有效。但对禾本科杂草苗后喷施不十分有效。

2. 施用方法和注意事项

（1）施用方法：噁草酮对杂草的防效主要是芽前，因此施药期应在花生播种后出苗前进行，一般不采取芽后施用。覆膜田由于保持土壤湿度，杀草效果优于露栽。每亩施药量，以12%的噁草酮乳油150～175ml或25%的噁草酮乳油100～150ml为宜。对水50～75L，在花生播种后、覆膜前均匀喷于地面。

（2）注意事项：

① 噁草酮对人、畜毒性虽小，但切忌吞服。如溅到皮肤上应以大量肥皂水冲洗干净，溅到眼睛里用大量干净的清水冲洗。

② 易燃，切勿存放在热源附近。

③ 使用的喷雾器械要充分冲洗干净后方能用来喷施农药。

（六）都尔

又名屠莠胺、杜尔、异丙甲草胺。为进口的72%异丙甲草胺乳油。为覆膜花生大面积应用的一种芽前选择性除草剂。

1. 作用和效果

主要通过芽鞘或幼根进入株体，杂草出土不久就被杀死，一般杀草率为80%～90%。对马唐、稗草、野黍等1年生单子叶杂草防效达90.7%～99%。对荠菜、野苋菜、马齿苋等双子叶杂草，防效为66.5%～81.4%。都尔在花生播前施用后的持效期为3个月。花生封垄后对行间的禾本科杂草仍有防效，3个月后药力活性自然消失，对后茬小麦苗无影响。据试验，覆膜施药后30天，防草效果达72.6%，其中对单子叶杂草防效达97.9%，对双子叶杂草防效为66.5%；施药后60d，对杂草防效达94.8%，其中对单子叶杂草防效达99%，对双子叶杂草防效达92.3%。

2. 施用方法和注意事项

（1）施用方法：都尔除草剂在花生播种后、覆膜前地面喷施。每亩用量，以100～150ml为宜。沙土地或覆膜花生用量可少些；露栽或土层较黏的地及旱作地可多些，水田花生可少些。每亩以适量除草剂对水50～75L搅匀后均匀喷施花生地，要将规定药液全部喷完。

（2）注意事项：

① 都尔除草剂易燃，贮存时，温度不要过高。

② 严格按推荐用量施药，以免花生产品出现残毒问题。

③ 无专用解毒药剂，施用时要注意安全。

（七）氟乐灵

又名茄科宁。为进口产品，是48%氟乐灵乳剂，橙红色。属二硝基苯胺类选择性苗前除草剂，在杂草发芽时直接接触子叶或被根部吸收传导，能抑制分生组织的细胞分裂，使杂草停止生长而死亡，具有高效安全的特点。由于氟乐灵有杀伤双子叶植物子叶和胚轴的能力，不论露栽或覆膜一定要先播种覆土后再施药覆膜，以免伤苗。氟乐灵易光解失效，播种喷药后，要浅耙畦面，使药土混合。氟乐灵对1年生单、双子叶杂草都有较好的防效。总杀草率为89.5%～96.9%，药效持续期2～3个月。

第七章 花生主要病虫害及防治技术

第一节 花生主要病害及防治技术

一、花生白绢病

全国各花生产区都有发生，由罗耳伏革菌［*Corticium rolfsii Sacc.*（Curai.）］真菌所引起。除为害花生外，还为害烟草、棉花、大豆、芝麻、小麦等200余种植物。

1. 为害症状

主要发生在近地面的植株茎基部，也为害果柄和荚果。发病初期茎基部变褐，茎组织软腐，表皮脱落，叶片枯黄，以后植株萎蔫死亡，病部长出白色绢丝状菌丝，继而形成白色菌核，再变黄变褐，形似"油菜籽"状。病菌以菌核或菌丝体在土壤中、病残体上越冬，在土壤中能存活多年。高温多雨的气候有利于发病，种子带病率高，来年苗期发病重。

2. 防治措施

（1）农业措施：加强栽培管理，施用充分沤熟的有机肥，并与禾本科作物轮作。

（2）种子处理：播种前选用无伤无病种子，或100kg种子用25%多菌灵可湿性粉剂1kg，加水60kg，药液浸泡种子24h后播种。

（3）药剂防治：在花生开花前，用25%多菌灵可湿性粉剂500倍液喷雾。

二、花生根结线虫病

全国各地均有发生。本病是由北方根结线虫（*Meloidogyne hapla* Chitwood）和花生根结线虫［*M.arenaria*（Neal）Chitwood］寄生为害伤引起。

1. 为害症状

受害植株矮小发黄，地下不结荚果，或只结少数几个秕荚果。一般减产

20%～30%，严重时甚至绝收。两种根结线虫寄主范围很广泛，已知有330～550种。出苗后，主根尖端即可被线虫侵害，膨大呈纺锤形，以后侧根也被侵害，形成米粒大小至豆粒大小的虫瘿。虫瘿上生出许多小须根，小须根又被侵害，如此多次重复侵害，使整个根系形成一团乱须根，正常根瘤很少。地上部底叶变黄，生育缓慢，开花前整株萎黄。幼荚果上也生乳白色略带透明的突起小虫瘿。成熟荚果形成褐色突起虫便，很像疮痂。病原线虫以卵囊内的卵及幼虫在根结内，并随病根及病果壳在土壤内或土粪内越冬。来年卵在卵囊内发育成1龄幼虫，蜕皮1次，破卵而出，成为2龄幼虫，侵入奇主幼根组织内，营寄生生活。由于线虫寄生，使寄主根的细胞在数量和大小上均不正常增长，而形成虫瘿。线虫在虫瘿内再蜕皮二次，发育成成虫。雌成虫成熟后产卵在卵囊中。卵囊一般露出根结外，借土壤和流水近距离传播，远距离传播以病荚果为主。

2. 防治措施

（1）农业措施：加强检疫，不要从病区调运种子；与禾谷类作物或甘薯轮作2～3年；深翻土地，施足底肥。

（2）药剂防治：播种时每亩用3%呋喃丹颗粒剂3～4kg，或用5%克线磷颗粒剂每亩10～15kg或5%铁灭克颗粒剂每亩0.9～1.1kg或20%益收宝每亩1.5kg，开沟施入，沟深12cm左右。

三、花生冠腐病

全国各花生产区都有发生。本病由黑曲霉菌（*Aspergillus niger* V.Tiegh.）真菌侵染所引起。主要为害幼苗和种仁，有的种仁带菌率高达90%。除为害花生外，还为害棉铃、洋葱、香蕉、柑橘、苹果、梨、桃、无花果等作物的果实。

1. 为害症状

受害幼苗和植株，子叶变黑腐烂，根冠部凹陷，呈黄褐色至黑褐，并长满松软的黑色霉层，即病原菌的分生孢子梗和分生孢子。病斑扩大后，根茎腐烂，表皮破裂，病株拔起时易折断，断口在茎冠部分。病原菌以菌丝和分生孢子在土壤中病残体上及病种子上越冬。播种后幼苗首先发病。般种子质量差、带菌率高。苗弱发病较重；高温高湿、排水不良、土壤有机质少、耕作粗放、常年连作发病都重；蔓生型花生较直生型花生抗病。

2. 防治措施

① 把好种子质量，播种前选种、晒种。

② 种子处理：用50%福美双可湿性粉剂按种子重量0.2%～0.3%药量拌种；

进行轮作，精细整地，适时播种。

四、花生褐斑病和黑斑病

全国各花生产区普遍发生，由花生尾孢菌（*Cercospora arachidicola* Hori）（花生褐斑病病菌）和球座孢菌［*Cercospora personata*（Berk.&Curt.）Ellis.& Ever.］（花生黑斑病病菌）两种真菌侵染所引起，二者常常同时发生在同一病株上甚至同一叶片上。褐斑病一般发生较早，约在初花期开始发病，黑斑病多在盛花期才开始发病，都可引起植株生长衰弱，造成早期落叶，一般减产10%~20%，并使花生品质下降。

1. 为害症状

叶片上褐斑病初期为失绿的灰色小点，扩展很快，中央组织坏死，病斑为不规则圆形，棕色至暗褐色，周围有明显的黄色晕圈。叶柄和茎上的褐斑病为长椭圆形、暗褐色。黑斑病在叶片上初期为锈揭色小斑点，扩大后为圆形、正反面均为黑色或深褐色、有轮纹的病斑，上生黑霉状物，即为病原菌的分生孢子梗和分生孢子。病菌主要以分生孢子座及分生孢子在病残茎叶中越冬，黑斑病菌也能以子囊阶段在枯枝叶上越冬，分生孢子也可附着于种子尤其是种壳上越冬。生长期则以分生孢子借风雨或昆虫传播，进行重复侵染。夏秋季高温多雨有利于病菌的繁殖和传播侵染，特别是7—8月多雨发病重。褐斑病对温度的适应幅度大，且较黑斑病菌耐低温，因此，褐斑病一般比黑斑病发生早。生长衰老、分枝稀少、通风透光的植株一般产生黑斑病多；而水肥充足、枝叶茂密旺盛。植株中下部少见阳光、柔嫩多汁的叶片褐斑病较多。品种间抗性有差异，直立型品种较抗病。

2. 防治措施

（1）农业措施：与非寄主作物轮作2年以上，以减少初侵染来源；选用抗病品种或无病种子。

（2）化学防治：播种前用种子量0.3%的50%多菌录或福美双可湿性粉剂拌种，在发病初期，用80%代森锌400倍液或70%甲基托布津1 000~1 500倍液或50%多菌灵1 000~1 500倍液叶面喷雾，每隔7~10d喷1次，共喷2~3次。

五、花生枯斑病

河南、山东、湖北、广东和广西壮族自治区等省（区）有不同程度发生。由花生小尖壳菌［*Leptosphaerulina crassiasca.*（Sech.）Jack.&Bell.］真菌所引起。仅为害花生属植物。

1. 为害症状

下部叶片的叶尖先发病，起初病斑呈褪绿色症状，渐变黄褐，由叶尖或叶缘呈楔形向叶柄发展。病斑边缘多为深褐色，周围有黄色晕圈，早期病部渐枯死，是灰褐色，其上生很多小黑点，即病菌的子囊果。叶片上生许多暗褐色不规则形或圆形小斑。近收获期在多雨多露情况下，病害迅速发展，病斑呈黑色水浸状，近圆形或不规则，病斑迅速扩展，全叶腐烂，而后此种叶片上也布满黑点，即子囊果。茎、果柄发病变褐，其上也生小黑点，荚果上生一块块黑块，果内也有小黑点。病菌以菌丝及子囊果在病残体上越冬，病菌生长最适温度为28℃，子囊孢子在25～28℃水中2h发芽，高湿有利于病菌侵染和发展，植株生长衰弱时易发病。

2. 防治措施

（1）农业措施：加强栽培管理，增施磷、钾肥，使植株健壮生长，提高抗病力；清除病残茎叶，深翻土地。

（2）药剂防治：在发病初期，用50%多菌灵可湿性粉剂1 000倍液，或80%代森锰锌可湿性粉剂500倍液喷雾防治，每次间隔7～10d，防治2～3次。

六、花生立枯病

河南、江苏、江西、山东及东北等省（区）有零星发生，由立枯丝核菌（*Rhizoctonia solani* Kuehn）真菌所引起。寄主范围十分广泛。

1. 为害症状

在花生的幼芽期和苗期为害花生的根、茎和子叶。幼芽感病后变褐腐烂，不能出土，造成田间缺苗断垄。根茎或茎基部受侵染后可使其上形成黄褐色凹陷病斑，严重时近地面的茎基部四周溃烂，纤维组织外露，引起整株死亡。茎部受害后遇高温潮湿气候，出现白色云纹状斑，病斑边缘褐色。成株期发病轻，茎基部感染后干缩、凹陷、暗褐色、变细，病斑长达数厘米，病部组织最后撕裂。病菌以菌丝体或菌核在土壤中或病残体上越冬，也可在荚果内外越冬。播种带菌种子或在病土中播种，均可引起发病；连作地、密植地病重，高温高湿、通风透光不良有利于病害的发生。

2. 防治措施

（1）农业措施：选用抗病品种，合理轮作，加强栽培管理，及时排除田间积水，降低田间湿度，避免偏施过量氮肥。

（2）化学防治：拌种前先浸湿种子，再用0.25%～0.5%多菌灵十福美双

（1∶1）拌种，也可用500万单位的井冈霉素可溶性粉剂2 000倍液拌种，或用0.5%～1%多菌灵浸种24h。在花生幼芽期或苗期可用井冈霉素2 000倍液喷雾防治。

七、花生炭疽病

河南各地花生产区都有发生。本病是由平头炭疽菌［*Colletotrichum truncatum*（Schw.）Andr.et Moore］真菌侵染所引起，一般为害不大。

1. 为害症状

花生下部叶片先发病，病斑沿主脉扩展，褐色或暗褐色，楔形、长椭圆形或不规则形，上有不明显轮纹，边缘浅黄褐色，中央生有许多不明显小黑点，即病原菌的分生孢子盘。病原菌以菌丝和分生孢子在病株残体上越冬。来年分生孢子借雨水传播，引起初次侵染。发病后病斑上产生分生孢子，通过雨水。昆虫传播进行多次再侵染。高温高湿、排水不良地块发病重。

2. 防治措施

（1）农业措施：清除病株残体，深翻土地；加强栽培管理，合理密植，增施磷钾肥，清沟排水。

（2）药剂防治：发病初期用50%多菌灵可湿性粉剂500倍液，或80%炭疽福美可湿性粉剂500～600倍液喷雾防治。

八、花生网斑病

花生网斑病是我国北方花生生产区的一种新病害，河南、山东、辽宁、陕西等地都有发生。本病是由同生茎点菌（*Phoma arachidicola* Ma.Pa.et Boerema）真菌侵染所引起。在自然条件下，仅为害花生。

1. 为害症状

开花期叶片上产生圆形至不规形黑色小病斑，病斑周围有明显褪绿圈。后期叶片正面产生褐色边缘呈网纹状不规则形病斑，一般不透过叶面，并在病斑上生出褐色小点，即病原菌的分生孢子器。发病严重时叶片脱落。病原菌以菌丝和分生孢子器在病株残体上越冬。来年分生孢子器释放出分生孢子，借风雨传播，进行初次侵染。新病斑上产生的分生孢子由风雨传播，进行多次再侵染。在花生生长中后期，连续阴雨，病害易于流行；花生品种间抗病性有差异。

2. 防治措施

（1）农业措施：清除田间病株残体，实行1～2年轮作；选用抗病品种。

（2）药剂防治：发病初期用70%代森锰锌可湿性粉剂500倍液喷雾，每隔7～14d喷1次，共喷2～3次。

九、花生锈病

全国各花生产区均有发生，南方重于北方，由花生柄锈菌（*Puccinia arachidis* Speg）真菌引起，仅为害花生。

1. 为害症状

先在叶片背面出现小白斑点，以后变黄、隆起、变褐，表皮破裂，散生锈褐色粉末，即锈菌的夏孢子堆和夏孢子。叶片正面的孢子堆比背面的小。随孢子堆增多，叶色变黄，最后干枯脱落，全株枯死。严重时植株成片枯死，远望如火烧状。国内还未发现冬孢子阶段，故侵染循环全靠夏孢子完成，北方的初侵染菌源来自南方。夏孢子发芽最适温度为20℃。雨量多、湿度大则发病重；过度密植、偏施氮肥、植株生长过于繁茂、田间郁闭、通风排水不良也易引起锈病严重发生。

2. 防治措施

（1）农业措施：增施有机肥和磷、钾、钙肥；高畦深沟、清沟排水，提高植株抗病力。

（2）药剂防治：发病初期，用20%粉锈宁乳油1 500～2 000倍液或12.5%唏唑醇（速保利）可湿性粉剂4 000～5 000倍液喷雾防治。

十、花生病毒病

病毒病是近几年来我国北方花生产区发病率逐年增高，发病面积不断扩大的一种毁灭性病害。目前发生的主要有花叶型病毒、矮化型病毒、斑驳型病毒和丛枝型病毒4种类型。

1. 为害症状

（1）花叶病毒：病株叶部在幼苗期就显症状，叶片小而变形，叶脉周围出现褪绿小黄斑及绿色明脉症状，叶缘黄褐色镶边。病株比健株矮1 / 5～1 / 4。病果变小而轻，荚壳厚薄不匀而坚硬，籽仁变小呈紫红色。

（2）矮化病毒：病株严重矮小，为健株的1 / 3～1 / 2，甚至更矮。单叶叶片变小，叶色浓绿，茎枝节间缩短，开花量小，结果少而小，病果似黄豆粒，有的果壳开裂，形成爆粒，露出紫红色的小籽仁。本病依靠多种蚜虫如花生蚜、桃蚜、菜蚜等传毒。有时和斑驳病毒混合发生。

（3）斑驳病毒：花生斑驳病毒病患株茎枝不矮化，主要表现在叶部，有深绿色斑块。一般花生出苗后10d左右开始呈现病状，首先在嫩叶上出现黄绿相间的斑驳，先出现的斑块较大，直径0.3～0.5cm，不规则形或圆形。以后随植株生长，病症不断扩展到全株叶片上。在山东发病初期为5月底，6月中下旬进入高峰，有时可延续到7月上旬，进入8月病症有自然隐退的现象。

（4）丛枝病毒：病症从开花下针期出现，一些小叶从基部的叶腋间伸出，逐渐向上发展直至顶梢，这些小叶密生成丛，像扫帚状。

花器感病后变样，既不像花又不像叶。当病株发生于丛枝时，正常叶片开始黄化脱落，最后留下小叶丛生的枝条，株丛显著矮化。果针伸长而子房不膨大，有的形成"鸡嘴豆"，有的向上反卷成"秤钩"状，颜色青紫，种子不实，表面具有筋样红褐色的导管，病果仁生吃有苦味。

2. 防治措施

（1）农业防治：北方矮化、花叶和斑驳病毒病发病区，要注意选用抗病品种，实行分级粒选，剔除带毒的小粒仁和紫红色病粒，并实行地膜栽培。南方秋花生丛枝病严重发病区，在花生开花期，发现病株应尽早拔除，切断田间传染源。适当推迟播期，改7月下旬播种为8月中旬播种，避开发病高峰，减轻发病率。

（2）药剂防治：

① 药剂浸种催芽：据大连市农业科学研究所试验，应用"长效治毒灵"浸种12h催芽播种，可推迟斑驳病毒病高峰期，显著减轻危害，并可兼治褐纹斑病（网斑病），比清水对照组增产56.1%～66.7%。

② 药剂防蚜传毒：采用辛硫磷颗粒剂毒土盖种，可使花生蚜株率减少70.4%，使花叶、矮化病毒株率减少7.4%～23.9%，比不施毒土（对照）的增产8.7%～11.8%。用35%的呋甲种衣剂按种子量的0.7%拌种，可使蚜株率减少36.7%～86.6%，矮化、花叶病毒株率减少25%～67%，每亩增产荚果20～100kg，增产率为9.6%～54.8%。其他药剂防治见花生蚜虫防治部分。

③ 药剂防除小绿叶蝉传毒：南方丛枝病毒发病还要及时用60%乐果可湿性粉剂0.5kg加水1 000～1 250L，对植株喷雾，以制止小绿叶蝉大量发生而传播病毒。

十一、花生焦斑病

花生焦斑病又叫叶焦病。是我国花生经常发生的病害。常与其他叶斑病混合发生，一般发病率15%～30%，发病严重的地区病株率可达100%，能引起花生中下部叶片早脱落，影响荚果的饱满度，一般减产10%以上，病重地块能减产40%～50%。

1. 为害症状

先从植株下部叶片发病，在小叶片的尖端或某一侧的叶缘处开始感病，病斑逐渐出现褪绿症，由黄变黄褐色，病斑从叶缘顺叶脉向叶柄延伸呈楔状，最后发展成"V"字形枯死斑。早期病斑呈灰褐色，破裂后扩展的病斑为褐色。病原菌的子囊在枯死斑上呈现密布的小黑点，最终全叶卷曲脱落。

2. 防治措施

（1）农业防治：实行花生与其他作物合理轮作和及时清除田间带病的残枝落叶，实行深耕深刨，以减少病害的初侵染源防治病情的扩大蔓延。

（2）药剂防治：发病初期及时进行叶面喷药防护，效果显著。具体药剂种类、数量和施用方法同叶斑病药剂防治。

十二、花生青枯病

花生青枯病是世界范围发生的严重的花生病害。我国该病发生很广。花生感病后常全株死亡，损失严重，一般发病率为10%～20%，严重的达50%以上，甚至绝收。

1. 为害症状

病原由根端侵染，病株主根尖端呈褐色湿腐状，根瘤墨绿色。纵切根茎部，初期导管变浅褐色，后期变黑褐色。横切病部环状排列的维管束变深褐色，在湿润条件下，常见浑浊白色的细菌黏液渗出。病株上的果柄、荚果呈黑褐色湿腐状。花生青枯病在花生整个生育期都能发生。病株最初表现萎蔫，早上延迟开叶，午后提前合叶。通常是主茎顶梢第一、第二叶首先表现症状，随后全株叶片从上至下急剧凋萎，叶色黯淡，呈绿色，故称"青枯"。

2. 防治措施

（1）农业防治：花生青枯病是一种土传病害，加之目前尚无免疫品种，更无特效的药物防治，所以必须采用以合理轮作和种植抗病品种为主的综合防治措施。

① 实行轮作：提倡进行3年以上轮作，恶化病菌生存环境，控制病菌基数。由于花青枯病的寄主范围较广，轮作时要考虑好茬口的安排，与甘薯、玉米、谷子或采用水旱轮作的方式较为适宜，避免与茄科、豆科、芝麻等作物连作。

② 配方施肥：施足基肥，增施磷、钾肥，适施氮肥，促进花生稳长早发。基肥以有机肥为主，禁用病残体沤制的未腐熟的肥料，定期喷施叶面肥，增强抗逆性。

③ 改善排水条件：及时开挖和疏通排水沟，实行高畦地膜栽培，避免雨后积水。采用适期播种，合理密植，以利于通风透光。

④ 选用抗病品种。

（2）化学防治：

① 种子处理：将种子浸湿后，每千克种子用绿亨一号1～2g或绿亨二号3～4g拌匀即可播种。23%络氨铜粉剂30～40g，对水50倍。

② 田间防治：在发病初期可喷施农用链霉素可溶性粉剂或新植霉素2 500～3 000倍液或32%克菌1 500～2 000倍液，隔7～8d喷1次，连喷3～4次。也可在花生苗期、始花期或发病初期用绿亨杀菌王1 000～1 500倍液或23%络氨铜粉剂300倍液喷施，防治效果好。发病较重时，可用药液灌根，效果极佳。

十三、花生叶腐病

花生叶腐病，俗称烂叶子病，是花生生长后期发生的一种病害。近年来，随着栽培措施的改进，特别是花生地膜覆盖栽培技术的推广应用，以及肥水投入的增加，造成花生地上部生长过旺，花生生育中后期冠层群体过大，出现花生植株倒伏和郁闭现象。高温、高湿、通风透光条件差，引发花生叶腐病的发生。受害花生一般减产10%～20%，严重地块减产30%以上。

1. 为害症状

花生叶腐病主要为害花生植株中下部叶片，严重时病斑也可蔓延到茎秆、果针上。受害叶片首先在边缘部位产生形状不规则的浅灰色水渍状病斑，向叶片内部扩展，病斑逐渐变黑腐烂，期间若遇高温、高湿天气或发生倒伏，病害可迅速蔓延到中上部叶片，引起大量落叶。开始病叶生满蜘蛛网状的白色菌丝体，叶间及叶片边缘特别多。而后在叶片上出现圆形或不规则的褐色或黑褐色水渍状的斑块，迅速扩大，叶全部或局部呈黑褐色霉烂状，最后干枯卷缩。在病叶及茎上最初长出灰白色棉絮状的菌丝，菌丝紧密结合，逐渐变成褐色或黑褐色、表面粗糙的颗粒状菌核。由于菌丝体互相缠绕，病叶时常悬挂不脱落，后期病叶干缩破裂，发病轻时，底叶发生霉腐，提早脱落，严重时植株干枯死亡。

2. 防治措施

（1）农业防治：

① 轮作换茬：合理轮作可减少田间菌源，收到明显地减轻病害的效果。合理密植、施足基肥等加强田间管理措施，促进花生健壮生长，提高抗病力，减轻病害发生。

② 种植抗病品种。

（2）药剂防治：花生结果期叶面喷施9%多效唑可湿性粉剂100g／亩，防止花生徒长、倒伏和郁闭，减轻花生叶腐病的发生。

花生叶面喷施杀菌剂以70%代森锰锌胶悬剂400倍液或50%多菌灵可湿性粉剂1 000倍液或12.5%特谱唑可湿性粉剂1 000倍液，可以收到良好防病效果。

十四、花生黄曲霉病

花生中常见的黄曲霉毒素主要有黄曲霉毒素B_1、黄曲霉毒素B_2、黄曲霉毒素G_1、黄曲霉毒素G_2 4种，其中以黄曲霉毒素B_1毒性最强，产毒量最大。花生是最容易受黄曲霉菌感染的农作物之一，侵染后产生的代谢产物——黄曲霉毒素对人和动物有很大的为害，其侵染所造成的黄曲霉毒素污染不仅直接为害人们的健康，而且影响花生的品质和外贸出口。黄曲霉毒素污染在世界范围内均有发生，通常热带和亚热带地区花生受黄曲霉毒素污染比温带地区严重。在国内，各个花生产区均有发生。黄曲霉菌的感染开始发生在田间，特别在花生生长后期。收获后不能及时晾晒，以及贮藏不当可以加重黄曲霉菌的感染和毒素污染。

1. 花生在收获前感染黄曲霉的主要因素

① 花生在栽培过程中和收获后都容易受到黄曲霉菌和寄生曲霉菌的侵染。

② 花生在收获后由于晾晒、贮藏、运输及剥壳等各个环节操作不当，就会造成黄曲霉菌的侵染并产生毒素感染。

③ 花生在收获前感染的黄曲霉菌主要来源于土壤，土壤中的黄曲霉菌种类和数量是花生感染黄曲霉的重要原因，高温干旱有利于土壤中黄曲霉菌的生长、繁殖，土壤温度（25～35℃），湿度（水分活性>0.85）能加重黄曲霉菌的侵染。

④ 花生田间管理和收获时受损伤的荚果，以及由于土壤温度和湿度波动引起的种皮自然破裂，都可以增加黄曲霉菌的感染。黄曲霉菌易从伤口处侵染，并在籽仁上迅速繁殖和产毒。

⑤ 花生生育后期遇到的干旱胁迫是黄曲霉菌侵染花生的一个决定因素，干旱条件削弱了花生种子的生活力和抗病能力，同时黄曲霉菌成为土壤中优势菌群，提高了花生收获前黄曲霉菌的感染率。试验证明，当土壤干旱导致花生种子含水量降到30%时，种子很容易受黄曲霉菌感染。

2. 花生在收获前防止黄曲霉感染的方法

（1）合理排灌：种子在成熟过程中，土壤温度和湿度的波动可引起种皮或荚果自然爆裂，特别是在花生生长后期（收获前1～2个月）遇到干旱和高温可显著提高黄曲霉的侵染率及产毒率。正常灌溉时，黄曲霉侵染、黄曲霉毒素量明显降低。生育后期田间渍水，造成烂果，也是造成黄曲霉菌污染的一个主要原因。

（2）防治地下害虫：地下害虫如蛴螬、金针虫等害虫侵袭花生荚果并将所携带的黄曲霉菌传染给花生，土壤中的黄曲霉也从虫损部位感染荚果。受地下害虫侵袭的花生荚果中黄曲霉毒素含量通常很高。地下害虫发生严重的地区，可用广谱性杀虫剂如神农丹、辛拌磷等播种时沟施，或用甲基异柳磷、二嗪磷、毒死蜱颗粒剂等施墩，对花生害虫有一定的防治作用。

（3）防治病害：喷施杀菌剂防治叶斑病，防止花生早衰。特别是花生生育后期，花生白绢病容易引起花生茎腐、果腐，喷施甲基硫菌灵、木醋液等可取得良好的效果。

（4）中耕防止伤及幼果：花生田间管理和收获时受损伤的荚果，都可以增加黄曲霉菌的感染。黄曲霉菌易从伤口处侵染，并在籽仁上迅速繁殖和产毒。

（5）轮作换茬、培肥地力：可提高花生抗病能力，土壤有机质含量增加，可有效提高含水量，降低黄曲霉菌侵染。

（6）适时收获：及时干燥收获过晚，烂果、霉果和发芽果数增多，造成减产，黄曲霉毒素污染加重，特别是含水量低于30%种子很容易感染黄曲霉。适期收获，可减少烂果、霉果降低黄曲霉菌侵染

（7）栽培抗病品种：选用抗黄曲霉花生品种是控制黄曲霉毒素污染最经济有效的方法，但目前生产上尚无高抗黄曲霉毒素的品种，选用抗旱和抗多种病害的花生品种可减少或避免黄曲霉毒素的污染。

第二节 花生主要害虫及防治技术

一、银纹夜蛾

银纹夜蛾［*Argyrogramma agnata*（Stgn.）］全国均有分布。

食性杂，主要为害花生、大豆、十字花科蔬菜等。初龄幼虫食叶成网膜状，长大后可食尽上部嫩叶，造成落花或籽粒不饱满。

1. 型态特征

成虫体长16cm，翅展34cm。前翅深褐色，内横线为双线白色分两段。亚外缘线黑色锯齿形，翅中央有1个马蹄形银边褐斑，其外后方有一半圆形银斑。卵馒头形，初产乳白色，后变乳黄色，直径1cm。幼虫体长26～31cm，深

绿色，头部和两颊常有1条黑色斜纹。体前端较细，后端较粗，第1对和第2对腹足退化，行动像尺蠖；背线、亚背线白色，其间有6条白色纵纹，气门线白色，上有深色边，气门黄色，边缘黑褐色。河北、山西北部1年发生2代。河南、山东1年发生4~5代，以蛹茧在大豆枯叶上越冬。第1、第5代幼虫为害春秋十字花科蔬菜，第2代为害春大豆，第3代对夏大豆为害较重。成虫昼伏夜出，卵散产在叶背，初孵幼虫能吐丝下垂，随风传播，幼虫多在夜间为害，老熟后在叶背结茧化蛹。气温高、雨量适中的年份发生重，生长茂密的田块为害重。

2. 防治方法

（1）农业措施：冬季深翻灌溉，可消灭大量越冬蛹；农事操作时摘掉有卵块和初孵幼虫的叶片焚烧销毁。

（2）诱杀防治：成虫发生期，在田间设置黑光灯诱杀。

（3）药剂防治：幼虫在3龄以前、百株有虫50只以上时，用25%氧乐氰乳油或50%辛硫磷乳油1 000倍液喷雾防治；也可用2%西维因粉剂或2.5%敌百虫粉剂每亩2kg喷粉；还可用青虫菌粉防治。

二、甜菜夜蛾

甜菜夜蛾［*Laphygma exigua*（Hubner）］在全国均有发生。食性很杂，可为害花生、大豆、玉米、棉花、芝麻以及茄科和十字花科蔬菜等100多种植物。

1. 形态特征

初孵幼虫群集在寄主叶片背面，吐丝结网，在其中取食叶肉，留下表皮，3龄以后分散为害，把叶片咬成孔洞或缺刻，有时也能为害花蕾或果实。成虫体长10~14mm，灰褐色，前翅内横线、亚缘线为灰白色，外缘有1列黑色三角斑，前翅中央近前缘外有1个肾形斑，斑周围有浅褐色边缘。幼虫体长22mm，体色有浅绿色、暗绿色、灰褐色到黑褐色多种类型。气门下线有明显的黄白色纵带，纵带之末端直达腹部末端，每体节气门后上方各有1个明显的白点。华北及华中地区1年发生4~6代，以蛹在土中越冬，3—4月成虫羽化，河南在7—8月还为害芝麻。成虫白天隐藏土缝或草丛和植物茂密处，夜出活动，趋光性强。卵多产在叶背，块生，每块有卵10~250粒，单层或2~3层重叠，上盖稀薄灰白色绒毛。幼虫3~4龄前喜群集叶间皱缝或凹陷处盖以薄丝在内咬食叶肉，留下表皮，长大以后食穿叶片。中午及夜间在土表或土缝中潜伏，阴雨天整天为害，有假死性。气候干旱时发生重。

2. 防治方法

（1）农业措施：冬季深翻灌溉，可消灭大量越冬蛹；因卵以块状产在叶背面，且初龄幼虫集中为害，所以农事操作时摘掉有卵块和初孵幼虫的叶片销毁。

（2）诱杀防治：成虫发生期，在田间设置黑光灯诱杀。

（3）药剂防治：在幼虫3龄以前，用90%万灵粉5 000倍液或40.7%毒斯蜱2 000倍液，50%杀螟松1 000倍液或20%杀死菊酯2 000倍液，任选一种，均匀喷雾。

三、花生蚜

花生蚜*Aphis caraccirara* Koch又名豆蚜，俗称蜜虫、腻虫。属同翅目，蚜科。在全国花生产区均有发生，为害程度各地不一，一般减产20%～30%，重者达60%以上。除为害花生外，还加害豌豆、豇豆、菜豆、扁豆、苜蓿、荠菜、刺儿菜、国槐、刺槐、紫穗槐等多种植物。

1. 为害症状

花生自出土到收获，均可受蚜虫为害，但以初花期前后受害最重。蚜虫多集中在嫩茎、花瓣、花萼管，以及果针上为害。受害严重时，花生生长停滞，叶片卷曲，变小变厚，影响叶片的光合作用和开花结实，蚜虫发生猖獗后，整棵花生的枝叶发黑（民间称淌油）。

2. 形态特征

（1）有翅胎生雌蚜：体长1.5～1.8mm，紫黑色，有光泽。触角约与体等长，灰黑色，中间带黄白色。第三节上有圆形感觉孔4～7个，多数5～6个，排列成行。复眼黑色，眼瘤发达。足黄白色，但基节、转节、腿节、胫节端部以及前足跗节褐色。有翅2对，腹管圆筒状，长过腹部末端，漆黑色，表面覆瓦状纹。尾片乳头状，基部缢缩，明显上翘，两侧各生刚毛3根。若蚜体黄褐色，被有稀疏蜡粉，翅蚜基部淡褐色。余同有翅蚜。

（2）无翅胎生雌蚜：体较肥大，无翅。黑色或紫黑色，有强的光泽。体被稀薄的蜡粉，触角较体短，约等于体长的2/3，基部和端部为黑色，中间黄白色，腹部显著膨大隆起，节间分界不清，腹背侧缘有明显的凹陷。腹管、尾片等特征同有翅胎生雌蚜。若虫除体节明显外，均与成蚜特征相同。

（3）卵：长椭圆形、初产下为淡黄色，逐渐变为草绿色，最后呈黑色。

3. 发生特点

花生蚜河南一年发生20余代。主要以无翅成蚜和若蚜栖息于荠菜、地丁、野豌豆、野苜蓿等须根植物，以及冬豌豆嫩芽、心叶和根茎交界处越冬。第二年春天，随着气温回升，花生蚜先在越冬寄主上繁殖，再产生有翅胎生雌蚜，向附近麦田的荠菜、冬豌豆和"三槐"新梢上迁飞，扩散蔓延。当花生顶盖出土时，有翅蚜即迁飞到花生田繁殖为害，形成花生田点片发生。6月中下旬花生开花期，花生蚜第3次迁飞，在花生田内外蔓延为害，如遇天气干燥、少雨、气温较高的适宜条件，花生蚜则繁殖很快，一般4~7d就能完成1代，造成蚜虫猖獗发生。7月上旬以后，雨季来临，花生田小气候高温多湿，种群数量逐渐下降。花生收获后，中间寄主衰老，气温降低，又产生有翅蚜，飞到越冬寄主上，繁殖为害并越冬。

花生蚜耐低温能力很强，而且适于繁殖的温度范围很广，适宜花生蚜发生繁殖的相对湿度为60%~70%，低于50%或高于80%，对其繁殖有明显的抑制作用。此外，暴风雨能将成蚜震落地上，引起大批死亡。常年山东早春至初夏气候干旱少雨，对花生蚜的发生为害极为有利。花生蚜的天敌种类很多，如瓢虫、草蛉、食蚜蝇和蚜茧蜂等，对其种群数量有一定的抑制作用。

4. 防治方法

目前的花生蚜防治，应注意保护利用天敌和适时采取化学药剂防治相结合的措施。

（1）生物防治：花生出土后，选择早播，靠近越冬、中间寄主植物多的花生田2~3块，采用五点取样的方法，每5d（6月3d）调查1次，至7月中旬止。每点查20墩花生，统计蚜量和天敌数量。当蚜墩率达30%，百墩蚜量达100头以上，若气候适宜、天敌数量少的情况下，应及时开展防治。如遇雨量偏多，相对湿度达85%以上，或天敌总数与蚜虫比为1：40时，即可控制为害，而不必防治。

（2）化学防治：

① 毒土、毒砂：用1.5%乐果粉或2.5%敌百虫粉0.5kg，对细干土（砂）15kg。于早晚花生叶闭合时，撒施到花生墩基部使其尽可能与虫体接触，杀蚜效果良好。

② 喷雾：40%氧化乐果乳油1 000倍液或50%马拉硫磷乳油1 000~1 500倍液或50%异丙磷乳油1 500~2 000倍液或20%灭蚜净可湿性粉剂2 000倍液进行喷雾，均能控制花生蚜的发生为害。

四、棉铃虫

棉铃虫*Heliothis armigera* Hubner.属鳞翅目，夜蛾科。棉铃虫广泛分布于世界各地，该虫不仅在我国棉区普遍发生，同时也是我国花生上重要害虫。棉铃虫的寄主很多，除为害棉花、花生外，还为害玉米、小麦、高粱、豌豆、蚕豆、苕子、苜蓿、芝麻、胡麻、青麻、番茄、辣椒、苹果和向日葵等。

1. 为害症状

棉铃虫以幼虫取食花生嫩叶，嫩叶被吃成空洞或缺刻，造成花生减产和品质下降。

2. 形态特征

（1）成虫：体长15～20mm，翅展27～38mm。触角丝状，复眼绿色，雌蛾前翅赤褐色，雄蛾绿褐色。前翅内横线、中横线和外横线不甚明显，外横线外侧有深灰褐色宽带；肾形纹和环形纹暗褐色。后翅灰白色，沿外缘有暗褐色宽带，其上有两个牙形斑纹。

（2）卵：高约0.52mm，宽0.46mm。顶部少隆起，半球形，卵壳上有纵横隆起纹。卵初产时为乳白色，次日变为米黄色，卵中部出现紫色环带，孵化当日卵为灰黑色，顶部有一黑点（卵内幼虫头壳）。

（3）幼虫：共6龄。1龄幼虫头壳宽0.27mm左右，体青灰色；2龄幼虫头壳宽0.41mm左右，体淡黄褐色，体上毛瘤大，黑色，清晰；3龄幼虫头壳宽0.7mm左右，体黄褐带绿色，出现淡黄色气门线。4龄、5龄和6龄幼虫头壳宽分别为1.0mm、1.6mm和2.5mm以上，体色变化较大，有黄绿色、绿色及黄褐色，并出现背线、亚背线、气门线等体线；各体节从背面有两横列毛片各4个，前后毛片略呈"八"字形排列，其上各着生刚毛一根。自5龄后体色变化很大。6龄幼虫体长40～50mm，老熟时变为淡绿色、体线消失。

（4）蛹：体长10～20mm，纺锤形。初化蛹体淡绿色，渐变为赤褐色或黑褐色。腹部5～7节，前缘有环状排列的点刻，背面点刻最密，气门大而高隆，腹部末端有臀棘2根。

3. 发生特点

棉铃虫在我国各地每年发生的世代也有差别，由南到北世代数逐渐少。在河南一年发生4～6代，以蛹在土内越冬。6—8月是棉铃虫严重为害期。越冬代蛹有一小部分可以在年前羽化，产卵，或发育为幼虫，但不能完成一个世代而死亡。翌年第1代主要发生在小麦、大麦、苜蓿、豌豆、苕子等作物上。第2代卵一般6月中旬始见，6月下旬为卵盛期，卵峰较突出持续时间短。

春季气温的高低与棉铃虫越冬代成虫的出现呈正相关，3月气温较高时发生早，否则推迟。棉铃虫产卵的适宜温度是25～28℃，相对湿度在70%以上，基本上属于偏干旱的环境条件。早播和长势好的花生田，落卵早而多，发生重。

棉铃虫的主要天敌有叶色草蛉、丽草蛉、大草蛉、中华草蛉、蜘蛛类、小花蝽、胡蜂、赤眼蜂、螟蛉悬茧姬蜂、螟蛉绒茧蜂、齿唇姬蜂等，对其种群数量变动有一定的影响，应注意保护利用。

4. 防治方法

防治棉铃虫应以化学防治为主，加以农业防治、生物防治相结合的综合防治措施。

药剂防治：可用50%棉铃宝乳油1 000～1 500倍液或50%辛硫磷乳油1 000倍液或5.7%百树菊酯乳油和10%氯氰菊酯乳油3 000倍液喷雾。

第三节 花生病虫害综合防治历

1. 播种期病虫害防治

主治病虫：花生根结线虫病、茎腐病、青枯病、根腐病、白绢病、菌核病、地下害虫等。防治措施如下。

① 选用抗病虫的优良品种。

② 合理轮作换茬。

③ 施用无病净肥，切忌施用未腐熟的有机肥，增施磷钾肥。

④ 药剂防治：可用50%多菌灵可湿性粉剂按种子量0.3%～0.5%拌种和该种药剂500～600倍液浸种防治花生倒秧类病害；可用14%络氨铜水剂300倍液喷淋根部防治青枯病；可用40%甲基异磷乳油0.6～1kg/亩、10%益舒丰颗粒剂2～3kg/亩沟施或穴施防治根结线虫病和地下害虫。

2. 出苗期至下针期病虫害防治

主治病虫：花生茎腐病、根腐病、病毒病、蚜虫等。防治措施：可用70%甲基托布津可湿性粉剂800～1 000倍液喷雾防治病害；可用1.5%乐果粉、2.5%敌百虫粉0.5kg/亩，配制毒土、毒砂撒施花生根际灭杀蚜虫。也可用40%氧化乐果乳油、50%马拉硫磷乳油1 000～1 500倍液或50%异丙磷乳油1 500～2 000倍液或20%灭蚜净可湿性粉剂2 000倍液喷雾防治蚜虫。

3. 荚果期病虫害防治

主治病虫：花生叶斑病、茎腐病、白绢病、菌核病、棉铃虫、二斑叶螨、蛴螬等。防治措施如下。

① 可用20%甲基托布津可湿性粉剂800～1 000倍液防治茎腐病、白绢病。

② 可用50%扑海因可湿性粉剂1 000～1 500倍液或50%速克灵可湿性粉剂1

500～2 000倍液防治菌核病。

③ 可用1∶2∶（150～200）波尔多液、70%代森锰锌可湿性粉剂400倍液或70%甲基托布津可湿性粉剂1 000倍液或50%多菌灵可湿性粉剂1 000倍液或75%百菌清可湿性粉剂600～800倍液防治叶斑病。

④ 可用50%棉铃宝乳油1 000～1 500倍液或50%辛硫磷乳油1 000倍液或5.7%百树菊酯乳油和10%氯氰菊酯乳油3 000倍液防治棉铃虫。

⑤ 可用1.8%爱福丁乳油3 000倍液或10%达螨灵乳油2 000～3 000倍液或2.5%功夫乳油2 000倍液喷雾防治二斑叶螨。

4. 收获期病虫害防治

主治病虫：花生茎腐病、叶斑病、根结线虫病等。防治措施：结合收刨花生，拣拾蛴螬。留种花生及时晾晒，防止霉变。清除病残体，冬耕冬灌。

第八章　花生缺素症

一、花生缺氮症

氮素不足时，蛋白质、核酸、叶绿素的合成受阻，分蘖减少，植株矮小，叶片小而薄，叶色缺绿发黄，甚至老叶和茎基部出现红色。如若氮素过多与其他养分失调时，叶片大而厚，叶色浓绿或暗绿，贪青晚熟，甚至产生徒长现象。因此，氮素营养必需与其他营养体徒长，是提高产量、改善品质的有效途径。试验结果表明，每千克纯氮，可增产花生荚果3~8kg。

二、花生缺磷症

花生缺磷，则生长缓慢，次生根少，叶色深绿发暗无光泽，下部叶片和茎基部出现红色红线、严重时叶枯死而脱落。

花生是喜磷作物，磷是花生体内许多重要有机化合物的组成成分：其一，磷是细胞核的组成成分，存在于染色体中，能促进细胞分裂和分生组织发育。其二，磷是核酸和磷脂的主要成分，并积极参与各种代谢作用。示踪原子测定表明，磷在花生体内较为活跃，不断向新生部位移动，最后集结在果仁中。

磷能增强花生的抗逆性能，促进植株生长发育，缩短生育期，田间试验表明，施用磷肥的花生，其主茎与侧枝显著增高，总分枝数和单株复叶数明显增多，结实枝上的花芽提前分化，盛花期提前5~7d，有效花量增加，受精率、结实率和饱果率分别增加10.9%、7.2%和6.9%。试验证明，每千克磷（P_2O_5）可增产花生荚果2.5~15.8kg。

三、花生缺钾症

花生缺钾，其代射作用受阻、紊乱失调，影响碳水化合物的合成和转化，在花生植株的外观上，先从下部老叶开始，叶片呈暗绿色，叶缘变黄或棕色焦灼，随之叶脉间出现黄萎斑点，逐步向上部叶片扩展，直至叶片枯死脱落，如若在新生叶片上发现缺钾症状，表明花生缺钾已到严重程度。

钾是花生的主要营养元素，主要以离子状态进入花生植株体内，茎叶中含量最多，茎中占总钾量的33%～39%，叶中占总钾量的12%～30%，钾能增强茎秆的硬度，能抗倒伏，钾在花生体内非常活跃，随着生长发育进程，不断从老组织向新生部位移动。钾不是有机化合物的成分，但它却以酶的活化剂形式，广泛地影响着花生的生长和代谢。钾有高速度透过生物膜的特性，因此钾对花生具有一系列的重要作用：能促进光合作用与碳水化合物的代谢，利于蛋白质的合成。能促进根瘤菌固氮和增强花生的抗逆性，土壤速效氧化钾低于90mg/kg，增施钾，每千克硫酸钾可增产花生荚果3.6～5.3kg。

四、花生缺铁症

铁离子在花生体内是最为固定的元素之一，通常呈高分子化合物存在，流动性很小，老叶中的铁不能向新叶转移，不能被再利用，缺铁时，叶肉和上部嫩叶失绿，叶脉和下部老叶仍保持绿色，严重缺铁时，叶脉也失绿，进而黄化，上部嫩叶全呈白色。久之，叶片出现褐斑坏死组织，直至叶片枯死。据豫东地区石灰性土壤上试验，用硫酸亚铁溶液叶面喷洒两次，增产荚果10.8%左右。

在通常情况下土壤并不缺铁，但影响土壤有效铁的因素很多，主要是石灰性土壤中，含碳酸钠、重碳酸钠较多，pH值高时，使铁呈难溶性氢氧化铁沉淀，或形成溶解度很小的碳酸盐，大大降低了铁的有效性。其次是每逢雨季，加大了铁离子的淋失。此时又正是花生生长的旺盛时期，需铁量加大。因此，易出现缺铁症状，补充铁源的办法有3个。

① 基施易溶性的硫酸亚铁（俗称黑矾），其含铁量为19%～20%，每亩用量为0.2～0.4kg，与有机肥或过磷酸钙混合施用。

② 用0.1%浓度的硫酸亚铁水溶液浸种12h。

③ 花针期和结荚期分别用0.2%浓度的硫酸亚铁水溶液喷洒叶面，每隔5～6d喷1次，连续喷洒2～3次。

五、花生缺锰症

在石灰性土壤中，代换性锰的临界值为2～3mg/kg，还原性锰的临界值为100mg/kg。低于这些数值，花生就会出现缺锰现象，叶肉失绿变黄白，并出现杂色斑点。增施锰肥，效果良好。

最好用易溶性的硫酸锰，含锰量为23%～24%，用作基肥、浸种、叶面喷洒均可，基肥每亩用量为1~2kg，最好与生理酸性肥料或优质有机肥一起混施；浸种和叶面喷洒的适宜浓度为0.05%~0.1%的硫酸锰水溶液。

六、花生缺钙症

钙素供应不足，花生的幼嫩茎叶就会发黄，根系细弱，植株生长缓慢，叶片背面有白斑、空果、秕果、单仁果增多，在黄泛石灰性冲积土壤上施用石膏，增产率为23.5%。一般每千克石膏可增产花生荚果1.6kg。

在河南省以至华北地区的土壤上，常用的钙质肥料，主要是石膏，也就是硫酸钙。硫酸钙是一种生理酸性肥料，除供给花生钙和硫以外，亦可用来改良盐碱土，宜作基肥，每亩50~100kg。亦可在花期追施，每亩25kg左右。

七、花生缺硼症

主茎和侧枝短组，茎顶端生长的叶片易脱落，生长点逐渐焦枯坏死，株形矮，呈"丛生"状；茎部和根部有明显裂缝，心叶小而缩，老叶叶缘干枯，叶片厚而脆，根系发育不良，根尖褐色坏死，花少，果少，甚至空壳不结果（即果而不仁）。

缺硼的花生植株，其输导组织易遭破坏，叶内的碳水化合物大量积累，影响新生组织形成，因而植株变态，尖端发白，生长点死亡，同时叶衍变粗，叶片变厚变红，常呈烧焦斑点，花生荚果出现有壳无仁的空果。花生植株的含硼量以苗期最高，占全生育期含硼总量的46.9%，因此苗期为需硼临界期，苗期叶片含硼量的临界指标为50~70mg/kg。土壤有效硼的临界指标为0.5mg/kg，低于这些数值，施硼效果良好。一般缺硼土壤，施用硼肥，增产均在10%以上。

硼肥主要有硼砂，含硼11%；硼酸，含硼17%，均易溶解。可作基肥、种肥、追肥或叶面喷洒。基肥每亩用量为200~1000g，最好与有机肥料或常用的化肥混合均匀后施用；种肥用0.02%~0.05%浓度的水溶液，浸种4~6h；追肥每亩用量为50~100g，混于少量腐熟的有机肥中，于开花前追施；叶面喷肥用0.1%~0.25%的水溶液，于苗期喷洒。

八、花生缺钼症

花生缺钼，则根瘤发育不良，瘤少个小，固氮能力减弱或不能固氮，植株矮小，根系不发达，生长受到抑制，叶脉失绿，老叶变厚，呈蜡质状态，在缺钼土壤上，用钼肥浸种，可增产花生荚果10%左右，花期叶面喷洒，可增产8.5%左右。

钼肥有钼酸铵、重钼酸铵与钼酸钠等。目前，应用最广的为钼酸铵，含钼量为50%～54%，易溶于水，为速效钼肥。土壤中有效钼的临界值为0.15mg/kg，缺钼土壤种植花生，用钼酸铵基施、拌种、叶面喷洒均可。基施为每亩50～100g，可与过磷酸钙混合施用，拌种为种子用量的0.2%～0.3%，溶于能使种子湿润的适量水中，而后拌种；浸种浓度为0.1%～0.2%的水溶液，浸至种心尚有米粒大小的干点为宜；叶面喷施浓度为0.02%～0.03%的水溶液，于苗期和花针期喷施。花生缺素症状见下表。

表　花生营养元素缺乏症状及对策

缺素种类	缺素症状			解决办法
	易发生		主要症状	
	部位	时期		
氮	老叶	苗期	1. 叶片失绿，淡黄甚至白色 2. 植株瘦小 3. 茎呈暗红色，根瘤发育差	1. 接种根瘤菌。增施磷肥促进自身固氮 2. 始花前10d，亩用硫铵5～10kg与有机肥混合沤制15～20d施用
磷	老叶	苗期	1. 老叶暗绿，蓝绿色，后变黄脱落 2. 茎基部红黄 3. 根瘤发育差，花少，果针少，荚果发育不良	作基肥或种肥集中沟施，每亩用过磷酸钙15～25kg与有机肥混合沤制15～20d施用
钾	老叶	开花结荚期	叶色淡绿，边缘焦枯，生长受抑制	1. 草木灰基肥 2. 亩施氯化钾5～10kg 3. 0.3%磷酸二氢钾溶液喷施
锰	新叶	苗期，开花期	新叶叶脉间灰黄色，后发展为青铜色，叶脉仍绿色	1. 每千克种子用硫酸锰4～8g，先少量水溶解后均匀喷于种子表面，晾干即播 2. 0.05%～0.1%硫酸锰液喷施，于苗期，花前期喷2～3次，每次隔7～10d
硼	生长点及花	苗期，开花期	1. 果实发育不正常，有壳无仁 2. 果仁上形成棕色圆斑，胚芽变黑	1. 基施：亩用硼砂0.5～1kg 2. 0.02%～0.05%硼砂溶液浸种 3. 0.1%～0.2%硼砂水溶液开花期叶面喷施
钼	新生组织及根瘤	花针期，结荚期	1. 根瘤小而少 2. 根系不发达 3. 叶脉失绿，老叶变厚呈蜡质	1. 基施：每亩钼酸铵50～100g，与过磷酸钙混合然后施用 2. 拌种：用种量的0.2%～0.4%钼酸铵 3. 浸种：0.05%～0.1%钼酸铵溶液浸种，浸至种心尚有米粒大小的干点最为合适 4. 喷施：0.05%钼酸铵于幼苗期和花针期喷施
钙	新生组织	生育后期	1. 根系细弱，植株矮小 2. 根瘤减少 3. 幼苗新叶发黄，叶片背面有白斑 4. 空果，秕粒，单仁果增多	1. 酸性土施适量石灰，石灰性土施适量石膏 2. 喷施：0.5%硝酸钙叶面喷施

第九章　牵引型分段式花生收获机研究应用情况

花生是世界上广泛栽培的主要油料作物与经济作物，也是我国最具国际竞争力的创汇农产品之一。花生收获季节性强，劳动强度高，收获损失大，特别是遇到连阴雨等恶劣天气，导致出现花生的沤根、落果、发芽、霉变等损失，使花生果的品质与产量严重下降，影响花生的收获。目前中国还未有性能相对稳定、适宜现行分户种植需要的花生捡拾摘果机械，导致收获效率低下，费工费时，成本增加，严重制约了我国花生产业的发展。因此研究和设计适应我国花生主产区农户一垄两行种植模式需要的新型花生收获机是非常必要的。

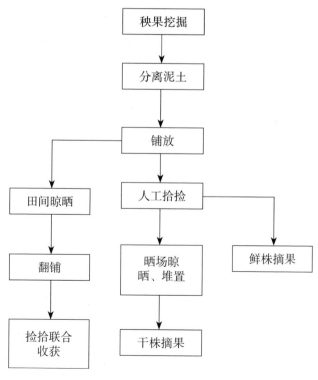

图9-1　分段收获作业的3种模式

牵引型分段式花生收获机研究课题针对我国花生主产区的种植模式以及农用拖拉机保有量大等特点，以充分利用农机动力为基础，根据花生收获的农艺要求，设计了一种与拖拉机动力配套使用的牵引型分段式花生收获机。该花生收获机主要由机架、牵引架、传动变速装置、拾捡输送装置、搅龙装置、清选分离装置、集果装置，以及相关辅助装置等部件组成，一次作业可完成对地表晾晒的花生秧果进行自动拾捡输送、搅龙摘果、清选分离、集果并输出精果到集果箱。该机在分段收获的基础上，设计了最新型的自动拾捡装置，提升了抓秧能力，提高了捡拾率，增加了机组安全工作时间；优化了秧果输送装置，解决了秧果传送过程中常出现的输送无力、拥堵的现象；创新设计了螺旋圆弧搅龙，可以对干湿程度不同的花生进行摘果；振动筛与吸风机组成的清选分离系统，保持了较好的清选效果之外，优化了工作环境，最大限度地降低了农机作业过程中粉尘飞扬；针对恶劣天气需要抢收等，设计了照明、后视等辅助设备，方便农户夜间工作，同时提高了工作安全性。

与其他收获机相比，结构合理，方便实用，价格低廉，且不受土质和种植方式的影响，亦可夜间工作，适用范围广泛。田间试验表明：该机作业性能良好，操控灵活、简单，作业顺畅，捡拾率达到98.7%，损失率为2.15%；生产率达到1 594kg/h，各性能指标均符合国家花生收获机作业质量（NY/7502—2002）检测标准，满足实际生产要求。研究结果可为花生收获机械的研究和发展提供借鉴。

第一节　花生收获机械简介

花生收获机是指在花生收获过程中完成挖果、分离泥土、铺条、捡拾、摘果、清选、集果等作业的作物收获机械。

机械化收获是指收获作业过程全部或大部分由机具完成，分为机械化分段收获和机械化联合收获2种。

花生机械化分段收获是指由多种不同设备分段完成整个收获作业过程，常用设备有挖掘犁、挖掘收获机、复收机、摘果机、捡拾联合收获机等。目前，机械化分段式收获作业主要有3种典型模式（图9-1）。第一种是两段式收获模式，以美国为主要代表，其工作原理为，先用花生收获机械将花生挖掘出来，除去土壤及杂质，并将花生以荚果在上、蔓在下的方式铺于田间，翻铺晾晒，再由花生联合收获装置完成收获作业，将花生荚果干燥后贮藏；第二种模式为用花生收获机将花生挖掘出来、除去土壤及杂质后铺于田间，捡拾则由人工完成，然后由专车运送到指定地点进行晾晒，将水分晾晒到适宜后，利用摘果机对花生进行摘果，花生荚果干燥后将其贮藏；第三种分模式为用花生收获机将花生挖掘出来、除去土壤及杂质后铺于田间并由人工完成捡拾工作，然后不进行晾晒，直接用花生摘果机进行摘果。

　　花生机械化联合收获是指由一台设备一次完成所有收获作业过程，是一种高集成度的花生机械化收获技术，目前在中国台湾地区应用较多。机械化联合收获作业有全喂入和半喂入两种典型模式，见图9-2。

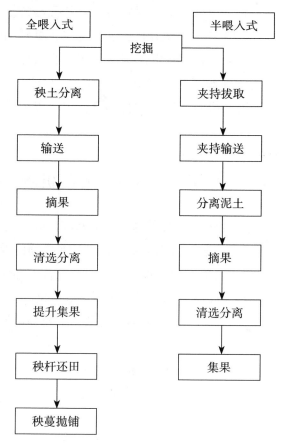

图9-2　联合收获作业的摘果方式

第二节　花生收获机械国内外研究现状

　　花生收获机械化发展的不平衡性在全球范围内非常明显，以美国为代表的少数发达国家对花生收获技术与装备的研究开发起步早，投入大，发展快，早已实现了专用化、标准化和系列化。目前，美国和加拿大等少数发达国家的花生生产，从耕整地、播种、施肥、中耕、病虫害防治、灌溉、收获，直到摘果、脱壳等所有农艺过程，均实现了机械化作业，且以大型的花生联合收获机械为主，联合收获多采用液压驱动和轮式拖拉机底盘，且以全喂入牵引式为主。花生收获技术已经非常成熟，处于全球领先地位。欧洲各国在20世纪70—80年代也相继实现了花生生产机械化。

我国台湾地区在花生收获技术装备研究开发与应用方面水平也比较高，大陆对花生收获机械的研制虽较早但发展却是十分缓慢的。近年来，随着花生收获机械的市场需求的增加，我国大陆对花生收获机械的研究与开发也步入了一个全新的发展阶段，相继研发出了多种花生收获（挖掘）机，但是在防堵、减阻以及降耗等问题都始终未能有效解决。目前，在我国大陆地区，对于花生联合收获机械的研究还处于试验阶段，主要以引进、消化吸收国外先进技术为主。

第三节　牵引型分段式花生收获机研究内容

牵引型分段式花生收获机是以四轮拖拉机为基础，进行花生收获机的设计，根据花生收获机的技术标准和经济指标要求，以计算机辅助设计为手段进行零部件设计，结合实际情况并利用机械设计原理进行设备零部件参数计算，通过样机试验反馈结果进行分析，依据分析结果进行参数优化。主要研究内如下。

① 根据实际情况，综合分析、比较各种花生收获机械的性能及特点，制订最佳的总体设计方案。

② 研究设计牵引型分段式式花生收获机的总体结构，主要包括传动变速装置、拾捡输送装置、搅龙装置、清选分离装置、集果装置及机架等。

③ 对关键零部件进行运动学及动力学分析。

④ 指导样机试制，进行样机性能试验，分析试验数据，优化设计参数，完成产业化生产技术方案，进而指导生产。

一、自动拾捡输送装置的研究与设计

中国花生主要采用一垄两行的种植模式，行与行之间采用交叉错茓播种，挖掘后花生呈有序铺放状态，为花生捡拾摘果联合收获机的开发提供了基础。自动拾捡输送装置的作用是将铺放在地表的花生秧果从地上捡起，经过传送设备传输到搅龙装置喂入口，为自动摘果作准备，通常是在农机手的操控下完成自动拾捡的功能。

由于花生秧果难免会携带部分泥土，且土壤湿度不好把握，因此，在拾捡过程中，花生秧果的干湿度、重量、大小也不一样，再加上地形复杂性、影响农机工作的速度、质心以及平稳性，使得花生自动拾捡有相当的难度。因此，必须研究设计好扒秧轮工作转速，捡拾齿的工作转速、入土深度，再加以其他设计措施，确保在自动拾捡过程中，不落果，不碎果，而且要防止花生秧果因扒秧轮转速过快被扒秧齿带出传送设备。

二、摘果搅龙装置的研究与设计

结合当前已有的其他农用机械，如小麦联合收割机、玉米收获机、红薯收获机等，并针对花生自身秧果重量差异不大的特点，设计一款适合花生收获的搅龙摘果装置。输送装置将待摘花生秧果输送到喂入口，在重力作用下花生秧果自动落到摘果搅龙上，利用离心作用在搅龙滚筒中使得花生秧果分离，并且搅龙主轴方向应产生一个轴向的推力，从而使花生茎蔓保持轴向运动，这样不仅避免了花生茎蔓的堆积，也有利于花生茎蔓从排秧口排出机外。

由于花生果的硬度小于小麦和玉米等农作物的硬度，花生茎蔓的韧性也因水分的不同而有差别，而且花生收获机作业质量行业标准（NY／T 502—2002）也规定了花生果的破碎率、损失率，以及拥堵次数及时间，这里要解决的关键技术是搅龙装置的转速、离心力，摘果齿的设计。

三、清选分离装置的研究

清选分离装置主要由振动筛和风机组成，针对花生自身生长在地表下的特点，花生果难免会粘带部分泥土，加上在搅龙装置内经摘果后散落到振动筛上的花生果和碎秧，致使清选分离装置设计有一定的难度。为了防止收获现场空气尘埃过于严重，风机的设置、振动筛的频度与坡度也有一定的要求。

第四节　牵引型分段式花生收获机研究技术路线

在查阅资料、参考相关花生收获机械结构和工作原理的基础上，根据河南省土地实际情况以及花生收获的农艺要求确定设计方案。确定整机结构和主要部件设计参数，并联合企业进行样机的试制，通过反复试验和数据分析来优化设计参数，改进设计（图9-3）。

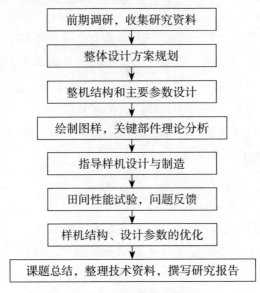

图9-3　研究技术路线图

　　牵引型分段式花生收获机，主要包括机架、牵引架、传动变速装置、拾捡输送装置、搅龙装置、清选分离装置、集果装置，以及辅助装置。收获机工作系统结构如图9-4所示，采用牵引型结构设计，配套农用拖拉机作为动力，一次工作可完成对花生秧果进行自动拾捡输送、搅龙摘果、清选分离、集果并输出精果到集果箱。以此来解决现代农业花生收获生产率低下，人工成本渐高，收获季节劳动强度大，以及农用拖拉机动力不能一机多用、农机购置成本高等问题。

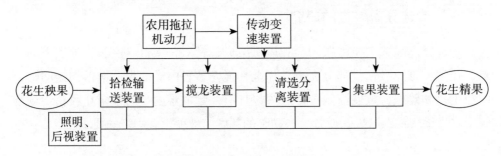

图9-4　收获机工作系统结构

一、总体结构与工作原理

　　牵引型分段式花生收获机主要包括：机架、牵引架、传动变速装置、拾捡输送装置、搅龙装置、清选分离装置、集果装置，以及辅助装置。其设计结构图如图9-5、图9-6所示。图9-5为花生收获机的结构示意图，图9-6为图9-5的俯视图，

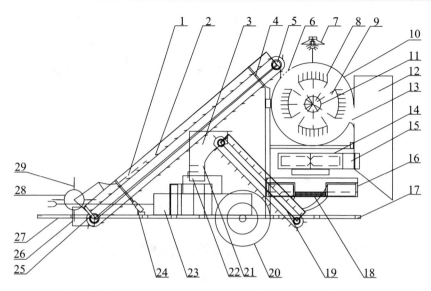

图9-5　花生收获机设计结构正视图

1. 防飞挡条；2. 捡拾指；3. 集果箱；4. 传送设备；5. 喂入口；6. 传送滚轴；7. 照明灯具；8. 摘果齿；9. 螺旋圆弧搅龙；10. 搅龙装置（搅龙箱）；11. 搅龙主轴；12. 残秧收集箱；13. 排秧口；14. 吸风机；15. 排风口；16. 振动筛；17. 机架；18. 振动筛出口；19. 集果传送带；20. 地轮；21. 分装导板；22. 分装口；23. 传动变速装置；24. 液压设备；25. 拨秧辊；26. 挡板；27. 牵引架；28. 扒秧轮；29. 扒秧齿

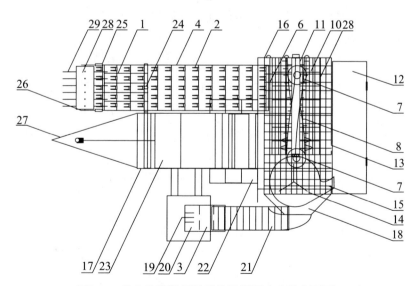

图9-6　花生收获机设计结构俯视图（序号参照图9-5）

1. 防飞挡条；2. 捡拾指；3. 集果箱；4. 传送设备；5. 喂入口；6. 传送滚轴；7. 照明灯具；8. 摘果齿；9. 螺旋圆弧搅龙；10. 搅龙装置（搅龙箱）；11. 搅龙主轴；12. 残秧收集箱；13. 排秧口；14. 吸风机；15. 排风口；16. 振动筛；17. 机架；18. 振动筛出口；19. 集果传送带；20. 地轮；21. 分装导板；22. 分装口；23. 传动变速装置；24. 液压设备；25. 拨秧辊；26. 挡板；27. 牵引架；28. 扒秧轮；29. 扒秧齿

工作时，将该牵引式花生收获机通过牵引架拖挂于拖拉机尾部，并将拖拉机的动力通过传动变速装置传输给收获机的各个动力机构。通过液压设备调节拾捡输送装置的高度，使花生秧果在扒秧齿和捡拾指的配合下进入传送设备，在传送设备顶端落入搅龙摘果装置，实现秧果分离。花生碎秧则通过排秧口进入残秧收集箱中，而花生果通过栅条蓖落入振动筛中进行清选分离，由于振动筛左高右低，使得花生果慢慢通过振动筛出口进入集果传动带中，在此之前，花生果中的杂质通过吸风机作用也进入残秧收集箱中。花生果则由集果传送带送入集果箱，经分装导板控制进行分装。设计农机工作速度为50m／min，工作行数为2垄4行，工作幅宽为1 200mm。

二、花生收获机各部分结构原理及参数设计

1. 拾捡输送装置

拾捡输送装置主要是对在地表晾晒的花生秧果进行自动拾捡并输送至摘果搅龙机构，在农机司机的操控下完成自动拾捡的功能。本项目所设计的拾捡输送装置安装在机架的左侧，主要由拾捡设备和传送设备两部分组成。

（1）拾捡设备：自动拾捡设备主要是指扒秧装置，主要由扒秧轮、拨秧辊、挡板、驱动盘、驱动轴、扒秧齿、扒秧轴、锥齿轮、传动轮、偏心轮、转动盘等组成。如图9-7所示。

花生摘果机的动力系统将动力传递给动力轮，该动力轮采用皮带轮，动力轮旋转带动同轴安装的第一主动轮，第一主动轮通过第一链条带动第一从动轮；第二主动轮为双排链轮，其内侧链轮靠第一链条带动，从而带动第二从动轮转动，实现扒秧机构的转动扒秧；第二从动轮安装在驱动轴上，第二从动轮转动带动驱动轴转动，从而带动固定在驱动轴上的驱动盘转动，驱动盘上的支撑杆通过带动扒齿轴旋转，扒齿轴的通过联动盘带动转盘转动，从而实现扒齿轴的伸缩运动。

在扒秧轮上设置有均布排列的扒秧齿，拨秧辊为立轴设置，位于挡板和传送设备之间，传送带上面均布排列捡拾指，扒秧齿与捡拾指之间的间距为秧果输送空间，扒秧轮、拨秧辊固定在传送设备前端，防飞挡条在传送带上方，扒秧轮、拨秧辊及传送带之间传动连接，液压设备固定在机架横梁上，与传送设备相连。

捡拾设备是花生收获机的工作入口设备。工作时，当驱动盘随着驱动轴转动的时候，扒秧轴也随着驱动轴做圆周运动，而拨秧齿在偏心轮的连带下随着扒秧轴做弧线往复运动，并保持齿尖一直朝向地面，这样既保证了工作的安全，

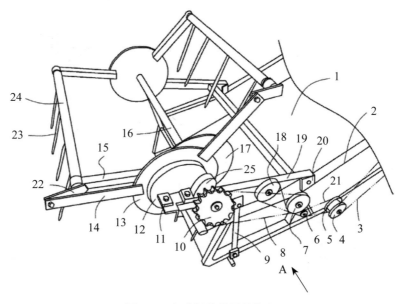

图9-7　自动扒秧装置结构图

1. 花生摘果机提升装置；2. 花生摘果机提升装置的侧板；3. 皮带；4. 动力轮；5. 第一主
动轮；6. 张紧导向轮；7. 第二主动轮；8. 第二链条；9. 调整套；10. 第二从动轮；
11. 偏心轮外侧与支架连接的连接件；12. 偏心轮；13. 转动盘；14. 连接杆；15. 支撑杆；
16. 驱动轴；17. 驱动盘；18. 第一从动轮；19. 支架；20. 支架与花生摘果机提升转轴铰
接的铰接耳；21. 第一链条；22. 联动片；23. 扒秧齿；24. 扒齿轴；25. 轴承座

又有效防止了花生秧果被带出拾捡传送装置。拨秧齿运行到接近地面的时候，
轨迹发生变化，从而把铺放在地表的花生捡拾起来。

拨秧齿必须满足一定的速度要求才能在拖拉机的带动下捡拾花生，因此必
须保证扒秧齿的速度v_1大于或等于拖拉机的前进速度v_2，即$v_1 \geqslant v_2$。根据已知的
机组前进速度及田间试验取扒秧轴的速度为57m／min。拨秧齿的速度由扒秧轴
决定，而扒秧轴的速度与转速满足以下关系：

$$v_1 = 2\pi \cdot r \cdot n \qquad （式9-1）$$

式中，n为扒秧轴的转速（r／min）；r为扒秧轴到驱动轴中心点的距离（mm）。

根据工作行数和幅宽的要求，所设计的扒秧装置宽度为900mm，考虑到机
器本身大小及工作实际情况，设定扒秧轴到驱动轴中心点距离为320mm，由
此可以得出扒秧轴的转速为28.4r／min，自主设计的拨秧齿参数如下：长度
200mm，直径10mm，增韧尼龙6，工作时入土层深度3mm。

（2）传送设备：传送设备的作用是将捡拾装置捡拾的花生分别输送到摘果
及清选装置。它由提升板、捡拾指、防飞挡条、液压设备、输（传）送带以及
输送带轴等组成。具体结构如图9-8所示。

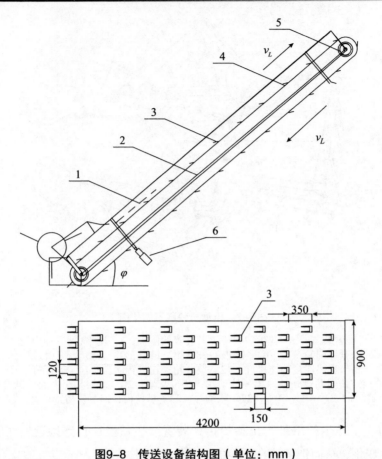

图9-8　传送设备结构图（单位：mm）

1. 防飞挡条；2. 底板；3. 捡拾指；4. 传送带；5. 心轴；6. 液压泵
注：v_L为输送速度（m／s），箭头表示运动方向

　　提升板用来固定拾捡输送装置，输送带在提升板两端输送带轴的带动下连续运动。传送带上面均布排列捡拾指，扒秧齿与捡拾指之间的间距为秧果输送空间，防飞挡条在传送带上方，扒秧轮、拨秧辊及传送带之间传动连接，液压设备固定在机架横梁上，与提升板骨架相连，在工作过程中用来调整传送设备的角度，提高工作效率。

　　工作时，花生秧果由捡拾装置从地面捡起，从拔秧齿与捡拾指之间进入传送设备，捡拾指不仅提升了拾捡效果，同时也在传送过程中增加了抓力，防止花生秧果在传送带上产生拥堵，影响系统工作。

　　传送带的速度，必须保证将捡拾的花生及时并可靠地输送到摘果装置，且被输送的植株之间应保持一定距离，使捡拾负荷均匀。对输送过程进行运动分析，如图9-9所示。

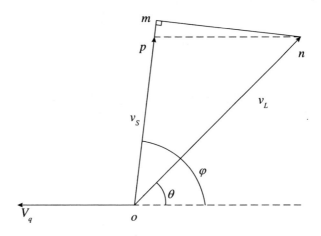

图9-9　输送运动速度

图9-9中，v_L为输送速度（m/s）；v_s为花生绝对运动速度（m/s）；v_q为机组前进速度（m/s）；φ为v_s与v_q反向延长线夹角（°），逆时针为正；θ为v_L与v_q反向延长线夹角（°），逆时针为正；n为v_L上的任意一点；m为n点在vs延长线上的垂足点；o为v_L、v_s、v_q的相交点。所以得：

$$\vec{v}_s = \vec{v}_l + \vec{v}_q \qquad （式9-2）$$

式中，v_s为花生绝对运动速度（m/s）；v_q为机组前进速度（m/s）；v_L为输送速度（m/s）。

所以

$$v_s = \sqrt{v_q^2 + v_l^2 - 2 \cdot v_q v_l \cos\theta} \qquad （式9-3）$$

构造辅助线mn，使$mn \perp om$，则在只考虑速度的情况下

$$mn = v_l \sin(\varphi - \theta) = v_q \sin(\varphi) \qquad （式9-4）$$

所以

$$\frac{v_l}{v_q} = \frac{\sin(\varphi)}{\sin(\varphi - \theta)} = \beta \qquad （式9-5）$$

为了确保花生在运动的过程中始终位于输送装置上，应使v_s与v_q反向延长线夹角$\varphi < \frac{\pi}{2}$，即为花生秧果与传送带的摩擦角。

花生秧果、碎土块在向后输送过程中，为了防止向后滑落，传送带的最大倾角θ应小于花生秧果与传送带的摩擦角φ；同时，传送带的速度应该与机组的捡拾设备作业速度相配合，以防带蔓花生在输送链上堆积，影响去土效果。田

间试验发现，当二者满足以下条件时，作业效果较好，有：

$$20° \leqslant \theta \leqslant 30°$$ （式9-6）

$$V_L = (1.1 \sim 1.2) V_{机组}$$ （式9-7）

保证 $\varphi < \dfrac{\pi}{2}$，则 $\beta > 1$，$v_l > v_q$。即传送带的工作速度要大于机组前进速度，由于拖拉机工作前进速度50m／min，考虑到后续摘果质量，喂入速度不宜过多大，与扒秧轮的转速匹配即可，通过反复试验，选取花生秧果输送速度57m／min，传送设备倾角为25°为最佳参数。

2. 捡拾指的设计

捡拾指安装在传送带上，主要由捡拾指杆、弹性托板、固定螺栓组成，在工作过程中与扒秧齿相互配合提高工作效率，同时在花生秧果传送的过程中，起到防止秧蔓打滑、堆积的现象。由于在捡拾的过程中指杆与地面接触，且花生对捡拾指有直接作用力，要求捡拾指具有良好的柔韧性、抗冲击性、尺寸稳定性、机械强度。综合考虑，捡拾指采用增韧尼龙6作为材料。

经多次试验发现，当捡拾指与传送带之间的夹角为15°～18°、捡拾指端部与根部之间的夹角为158°～172°时具有较好的捡拾效果。捡拾指通过螺钉和螺母与传送带固定相连，在传送带上按5组、4组交错排列，每组包括2根指杆，均匀分布在传送带的同一个面上。如图9-10所示。

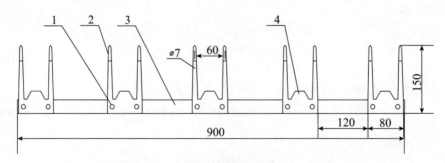

图9-10　捡拾指结构简图（单位：mm）

1. 紧固螺栓；2. 指杆；3. 传送带；4. 弹性托板

尼龙弹齿捡拾指具有如下优点。

① 指杆采用增韧尼龙6，强度适宜，不但保证了能够完成捡拾作业，而且减少了对作物的冲击，保证了果实的完整性。

② 由于指杆具备良好的柔韧性、抗冲击能力强，在作业中遇到石块等障碍物时往往不会由于撞击而断裂，确保捡拾作业的正常进行，减少设备维护的次数。

③ 如图9-11所示，指杆包括指杆前端和指杆根部，指杆前端向上翘起，采用直线型的指杆前端将作物从地上铲起，在扒秧轮的配合下随着收获机械的运行作物进入指杆根部，减少作物的滑落，降低了漏检率。

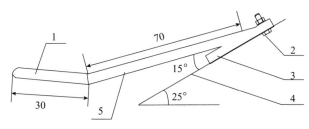

图9-11　指杆结构简图

1. 指杆端部；2. 紧固螺栓；3. 弹性托板；4. 传送带；5. 指杆根部

由于尼龙弹齿捡拾指在对花生进行捡拾作业时，弹齿与花生会突然接触，导致捡拾指瞬间受到冲击，对捡拾效果产生影响。所以，有必要对捡拾指进行接触应力分析。

如图9-12所示，捡拾的瞬间，花生除受重力G以外，还对指杆产生瞬时冲击载荷F_t以及摩擦力F_f。尼龙弹齿受到的冲击载荷F_t与F_t大小相等，方向相反。由于两个接触体都可以变形，所以根据有限元柔—柔接触条件有：

$$\begin{cases} g_n = u \times n + g_0 \geqslant 0 \\ P_n(u) = n \times \sigma_n \leqslant 0 \\ P_n(u) \times g_n = 0 \end{cases} \quad （式9-8）$$

式中，g_n为链式尼龙弹齿捡拾装置张开函数；g_0为指杆与花生接触边界法向应力（N）；n为指杆与花生接触边界的切向应力（N）；u为指杆与花生接触边界的位移向量（m）；σ_n为指杆、花生接触体的应力（N）；$P_n(u)$为链式尼龙弹齿捡拾装置的初始张开函数。

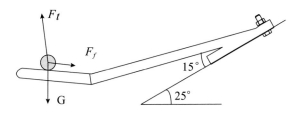

图9-12　花生捡拾受力图

注：F_t为花生所受冲击载荷（N）；F_f为花生所受摩擦力（N）；G为花生所受重力（N）

根据上式由应力分析计算可知，最大位移发生在指杆的端部，位移量为7.4mm；最大应力发生在靠近指杆根部一侧，最大应力为25.97N。

由于增韧尼龙6具有较高的回弹性（弯曲强度60MPa，弯曲模量1 500MPa），在不超过材料本身的极限时，会迅速恢复到初始位置。显然尼龙弹齿捡拾指最大应变及最大应力都在回弹范围内，在满足捡拾要求的情况下，不会对装置造成破坏。

3. 搅龙装置设计

摘果是大型花生捡拾摘果收获机的一个重要功能，摘果装置核心部件是搅龙装置。摘果装置的作用是将花生果从花生蔓上摘下。花生茎蔓经输送装置被输送到摘果搅龙箱体的喂入口，直接被喂入到高速旋转的摘果滚筒内部，在摘果搅龙上摘果齿的挑拨作用下，花生茎蔓随摘果搅龙做高速旋转，由于离心作用，并且花生荚果的质量和密度相对比较大，所以花生荚果大部分都集中在摘果搅龙的外部，高速旋转的花生荚果在螺旋搅龙上摘果齿和凹板筛的相对运动下，花生荚果在甩挤作用下与花生荚果的果柄分离，完成摘果作业。

该设计的摘果装置设置在机架上的后半部分，与地轮轮轴即农机前进方向垂直放置，包括搅龙主轴、螺旋圆弧搅龙，搅龙箱体、秧果喂入口、排秧口等。螺旋圆弧搅龙上面均布摘果齿，搅龙箱体上方密封设置，下方为均布网格的栅条蓖，搅龙箱体的左侧上方有秧果喂入口，其与拾捡输送装置的传送带顶端相衔接，右侧后方有排秧口。搅龙主轴与本农机动力输入机构通过齿轮传动。摘果装置结构如图9-13所示。

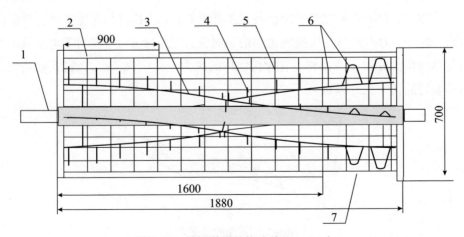

图9-13 摘果装置结构（单位：mm）

1. 搅龙主轴；2. 喂入口；3. 搅龙；4. 摘果齿；5. 栅条蓖；6. 出口摘果齿；7. 排秧口

花生是铺放在地表晾晒几天后再捡拾摘果，但由于天气原因，晾晒的程度不同，这就需要摘果装置针对不同干湿程度的花生都可以摘果。干式摘果装置的搅龙是平行的，而湿式摘果装置的搅龙成270°螺旋平行安装。湿式摘果装置只能将刚收获的带果花生秧进行摘果，推进速度快，摘果不干净，功耗大，干式摘果装置只能对晒干的茎蔓带果花生秧进行摘果，而对刚收获的茎蔓带果花生秧没有摘果功能。由于捡拾摘果收获机的对象是介于干湿两种情况之间，所以其摘果装置的搅龙是安装在与搅龙轴等半径螺旋线上的90°螺旋搅杆，它可对干湿程度不同的花生进行摘果。

为了使花生在摘果的过程中有一个轴向的运动不至于全都堵塞在摘果滚筒内部，除了摘果滚筒是向排秧口方向螺旋的弧形搅杆外，摘果齿也有特别设计，前部分摘果齿为直杆式，在排秧口附近的摘果齿的则是倒"V"形，高度均为80mm，从而保证了花生茎蔓在摘果过程中的轴向运动，避免了花生秧蔓堵塞摘果滚筒而造成机构的损坏，使整个机构有效地工作，后续样机试验时效果良好。

转速是摘果搅龙的一个重要的工作参数。摘果作业时，荚果破碎主要分为剪切破碎和撞击破碎。前者是固定的凹板筛对运动荚果产生剪切作用导致；后者是荚果随摘果辊高速旋转，撞击凹板筛和摘果室外壳力度过大而导致的。转速越高，摘果率越高，但破碎率也会上升；相反，转速较低时，摘果不净，而它的破碎率会大大下降。因此设计的转速必须综合考虑对摘果率和破碎率的影响。转速的计算公式如下。

$$F = \frac{W}{A} = \frac{mv^2}{2A} \qquad （式9-9）$$

$$n = \frac{30v}{\pi \cdot r} \qquad （式9-10）$$

所以得：

$$n = 30\sqrt{\frac{2F}{\pi \cdot m}} \qquad （式9-11）$$

式中，W为摘果齿所做的功，也就是摘取花生果所需的功（kW）；v为摘果齿甩捋时的线速度（m/s）；m为摘果齿的质量（kg）；F为摘取花生所需的力（N）；A为花生摘果齿的截面积（m²）；n为摘果搅龙转速（r/min）。

经晾晒的花生，其茎蔓、根蔓抗拉与果结合处抗剪力根据含水率的不同而不同，含水率在35%~40%，一般在11~15N；含水率在18%~35%，一般在

15~18N，此时摘果所需要的力较为稳定，可以减少全喂入花生摘果机的功率损耗，同时有利于振动筛和吸风机的清选工作。经查阅相关文献资料和理论计算，最终确定摘果搅龙的转速为含水率为36%~40%时为450~550r／min，含水率在20%~35%时转速：550~650r／min。实际生产中，地表花生晾晒比较彻底，经多次分析计算和田间实验，最终确定转速为580r／min。

4. 清选分离装置

清选分离装置在搅龙装置的正下方，由振动筛、吸风机、残秧收集箱等组成；吸风机安装在振动筛靠出口位置正上方，残阳收集箱设置在花生收获机的最后方，与搅龙装置排秧口、吸风机排风口相连通。

工作时，经摘果搅龙装置摘下的花生果连同果荚、部分断茎、残茎、未成熟的荚果、土块等一同经过摘果搅龙的栅条蓖落到振动筛上，振动筛网格的设计是以花生荚果的尺寸为依据，由小于统计中98%的成熟花生荚果的尺寸来决定的。因此，可以根据尺寸的大小来清选荚果，较小的物质（如断茎，未成熟的荚果、散碎的土块等）直接通过振动筛的网格掉落田地中，较大的物质（成熟的花生荚果、尺寸较大的残茎、土块等）仍留在振动筛里，通过振动筛的波动作用继续破碎较大的土块并分离残秧，同时，还要经过吸风机对残茎、秧蔓进行进一步清选。由于振动筛特殊的左高右低坡形设计，成熟的花生荚果随着振动筛的波动，最后聚集到振动筛的出口，从而进入集果装置。吸风机的排风口和摘果搅龙的出口均与残秧收集箱相连通，这样就可以收集吸风机和搅龙排出的秧蔓，便于农作物秸秆的收集利用。

（1）振动筛振动：筛选用单层冲孔筛结构，其长度方向与搅龙主轴方向一致，振动筛的设计要保证花生果在筛面上不至于从振动筛的孔隙中落下，其结构示意图如图9-14所示。

由于一般花生荚果的厚度10~15mm，而有一些花生荚果在尺寸方面可能偏小，因此我们选用宽度为5mm×20mm的冲孔，可以保证花生荚果上沾带的泥土能够落下而花生荚果可以继续保留在振动筛面上，并经过出果口落入后续输送装置上。

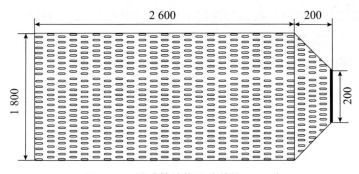

图9-14　振动筛结构图（单位：mm）

　　安装好的振动筛为左高右低的坡形，即靠近风机的一端低于另一端，倾角为10°，振动筛左端与偏心轮连接，由偏心轮带动振动筛左右晃动。使振动筛在往复抖动的过程中，不仅可以使泥土和短茎秆筛落，也可让花生果向风机一端滚动。花生叶、长茎秆和较轻的杂质在风机的作用下排出机外，花生果通过振动筛的斜面从出果口流出。振动筛的规格应大于凹板，如图9-15所示。根据公式：

$$K = \frac{r\omega^2}{g}$$ 　（式9-12）

　　式中，K为运动加速度比；r为曲柄半径（m）；ω为曲柄角速度（r/s）；g为重力加速度（m/s^2）。

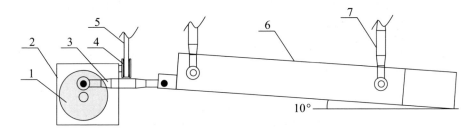

图9-15　振动筛振动示意图

1. 偏心轮；2. 齿轮箱；3. 连接杆；4. 皮带轮；5. 传动皮带；6. 振动筛；7. 吊杆

　　振动筛的摆幅近似为$2r$，为了增强清选的效果，延长清选时间，脱出物沿筛面既有前滑又有后滑，且后滑量大于前滑量，但不允许有抛离筛面的现象发生。参照谷物清选装置，结合田间试验，在K取0.06，r取23mm时，曲柄角速度约为5.1r/s可以取得较为理想的作业效果。

　　（2）吸风机：本文所设计的分段式花生收获机清选分离装置所使用的风机

采取单风道轴流式风机，振动筛选用单层冲孔筛结构，是一种较为经济的清选组合装置。该装置的整体结构简单、安装方便，试验时发现对秧蔓、茎秆等杂质的清选效果明显，能够适应所述花生收获机的清选要求。

　　轴流风机主要由叶轮、机壳、主轴等零部件组成，如图9-16所示。风机安装在振动筛出口的正上方，工作时气体通过进风口进入旋转叶片，被加压后再轴向沿着出风口轴向排出。该装置气流分布均匀，且具有低压、大流量、高效等特点。

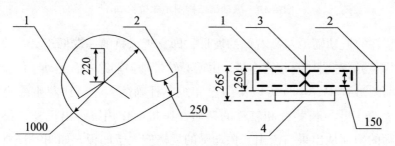

图9-16　风机机结构示意图（单位：mm）

1. 扇叶；2. 出风口；3. 风机轴；4. 进风口

　　风机选用的好坏决定清选的质量。根据花生果与茎蔓等物质的空气动力学特性不同，大部分设计使用吹风机，在气流的作用下吹走秧蔓，把花生果清选出来。简单方便，却造成了工作环境尘土飞扬，碎秧沫子漫天飘荡，影响机手视线，机手无法靠近农机进行集果作业，不仅影响健康，更有安全隐患。因此该设计用吸出型清选风机，风机的宽度根据振动筛的宽度尺寸确定，风机排风口连通到机架尾部的残秧收集箱。风选气流所需要的风量V（即单位时间气流量），根据脱出物中应清除的杂质量确定：

$$V = \frac{\beta Q}{\mu \rho} (\text{m}^3 / \text{s}) \qquad （式9-13）$$

　　式中，V为气流的风量（m³/s）；Q为机器的喂入量（kg/s）；β为去除的杂质占总喂入量的比例；ρ为空气密度（kg/m³）；μ为携带杂质气流的混合浓度比，为0.2～0.3。

　　机器喂入量约为Q=3kg/s，取去除的杂质占总喂入量的比例为β=15%，取携带杂质气流的混合浓度比μ=0.3，空气密度ρ=1.293kg/m³，把数据代入公式可以得到理论所需要的气流量：

$$V = \frac{\beta Q}{\mu \rho} = \frac{0.15 \times 3}{0.3 \times 1.293} = 1.16 (\text{m}^3 / \text{s}) \qquad \text{（式9-14）}$$

参考谷物清选，结合田间试验，发现风机转速在1 200r / min时具有较好的清选效果。据此选取合适的风机。

（3）残秧收集箱：本项目所设计的分段式花生收获机用于收获在地表晾晒半干的带秧花生，由于秧果的干湿度参差不齐，湿度较大的花生秧直接排出机外后散落在地表可以继续晾晒，比较干的花生秧果在收获的过程中直接排出机外会引起很多问题，造成整个工作环境尘土飞扬，影响工作效率，不利于农户身体健康，同时花生秧蔓对于农户来说，还可以再次利用作为家畜饲料、生活燃料、生物质炭以及有机肥料等，有很高的利用价值，散落在地里不利于收集。因此，特设置残秧收集箱来存放农机工作过程中摘果装置和吸风机排除的残秧断蔓。残秧收集箱设置在花生收获机的最后方，紧靠摘果搅龙装置，同时与搅龙装置排秧口、吸风机排风口相连通，尺寸大小为1 800mm×1 000mm×400mm。

5. 集果装置

升运集果装置的主要作用是对分选清离之后的花生果进行收集。由于清选装置位置比较低，为方便收集花生果，需要再次将花生提升一定的高度，落入到集果箱中进行收集。整个升运装置的动力也来源于牵引拖拉机，并通过上心轴将拖拉机的动力输入到整个装置中。

集果装置在机架的右侧，包括果实传送带、集果箱、分装口以及分装导板。果实传送带上有盛果槽，且整体为前高后低状，低端与振动筛出口相衔接，高端与集果箱连通，集果箱下部安置有分装口，通过分装导板控制。升运集果装置的结构形式如图9-17所示。

经过清选之后的花生果从振动筛的末端出果口落到升运集果装置上。为防止花生果落到收获机的外面，在升运集果装置的底部安装有引导挡

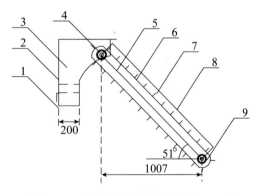

图9-17　集果装置示意图（单位：mm）

1. 分装口；2. 分装导板；3. 落果箱；4. 上心轴；5. 底板；6. 输送带；7. 盛果槽；8. 输送挡板；9. 下心轴

板，可以引导花生果进入到升运集果装置里面，降低落果损失。输送带将花生果从升运集果装置的底部提升一定的高度，再从落果箱中落下，通过套在分装

口上的收集袋将花生果收集起来。分装口装有分装导板，工作过程中，当一个收集袋装满花生果时，通过分装导板切换到另一个收集袋继续工作，提高效率。本项目采用25mm×25mm的普碳角钢作为盛果槽，相互间距177mm，工作时只需要保证升运集果装置与水平面夹角β小于90°，即可运送花生果。考虑到后续人工收集便利情况，相关设计参数为：提升输送带长1 600mm，宽500mm，倾角51°，传送速度88m／min；集果箱尺寸500mm×200mm×500mm。

6. 传动变速装置

本牵引型分段式花生收获机传动系统的设计应满足结构紧凑，功率消耗少，动力分配合理，从而使捡拾装置、摘果装置、清选装置和升运集果装置获得合适的速度，保证各部分工作协调，从而保证准确传动比和较高的传动效率，满足花生捡拾摘果联合收获的要求。

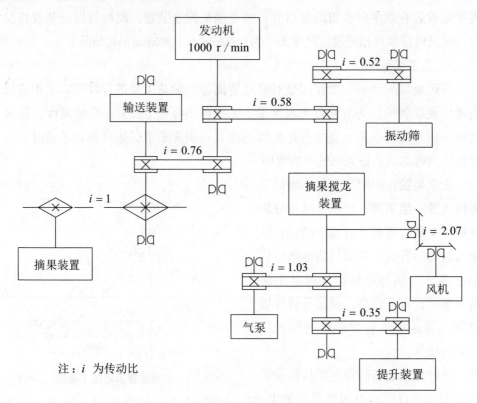

注：i 为传动比

图9-18　牵引型分段式花生收获机传动系统图

该机采用分路传动系统，动力从发动机输出后，一路经带传动到达提升装置，为提升装置提供动力；另一路通过链传动传递到主轴，为作业组件提供工作动力。主轴直接带动摘果搅龙的旋转，并通过锥齿轮带动风机运动。主轴的动力通过带传动到达振动筛连杆，使振动筛做往复运动。具体传动系统配置及参数见图9-18。

7. 照明、后视装置

本项目在设计时，对驻马店市汝南、正阳等县的农户进行走访、询问，由于近年来由于花生收获季节天气变化无常，为赶收花生，需要夜间作业。特别是2014年花生收获季节雨水特别多，由于前期没有引起注意，晚上农机无法工作，后期地湿农机到田地里也无法正常工作，影响了当年的花生收获，导致大批农户的花生烂在地里，无法拾捡。为了方面农户在梅雨季节或者天气变化比较突然的情况下赶收花生，特为该农机增加了一套照明辅助装置，包括照明设备和后视设备，照明设备由照明灯具和线路组成，安装在搅龙装置上方的左右两侧，提供全方位照明，功率为100W，花生收获机前端由拖拉机本身照明设备提供照明。后视设备设置在拾捡输送装置前端上部空间，方位与农机手平行，不仅平时工作中方便了机手操作，不用扭头即可照看后方收获机的工作状况，夜间工作时更是提高了工作安全性。

第五节　牵引型分段式花生收获机样机试制与试验优化

一、样机试制

样机总体方案论证完成后，先后对整体结构与零部件进行了设计，经过多次改进，最终确定了整机的结构。2014年9月完成样机的试制，其性能指标如表9-1所示。

表9-1　样机的性能指标

项目	参数
外形尺寸（长×宽×高）（mm³）	4460×3050×2000
整机重量（kg）	700
配套动力（kW）	22（耕王RD340-B）
挂接形式	单点连接，机架牵引
作业速度（m/min）	50
作业行数（行）	2垄4行
作业幅宽（mm）	1200

二、样机性能试验

田间试验是机械性能测试的重要依据和组成部分。为了更好的了解、验证牵引型分段式花生收获机械的性能，对花生收获机械样机进行了可靠性工程试验。试验按照中华人民共和国农业行业标准NY／7502—2002《花生收获机作业质量》规定，制定了该机主要技术性能指标测试方法。通过田间性能试验，测定花生收获机械的动力消耗、机具作业性能和作业质量以及机械的落果率、损失率、埋果率、生产率等。

1. 实验条件

本试验在河南省汝南县马庄乡试验田进行，试验对象的花生品种为宛花2号，分枝8~9条，株型紧凑，结果枝7.1个，结果整齐集中，百果质量160.8g左右，百仁质量68.4g。配套动力为耕王RD340-B拖拉机（22.1kW）。花生种植行距200mm，株距150mm，试验所用花生在试验地表晾晒2天，随机抽样10次，生长状况如表9-2所示。

表9-2 试验田条件

序号	单株蔓苗高度／mm	单株蔓重量／g	单株花生果重量／g
1	422.0	73.0	101.0
2	467.0	88.0	116.0
3	484.0	97.0	99.0
4	447.0	94.0	92.0
5	439.0	98.0	97.0
6	441.0	86.0	84.0
7	429.0	80.0	77.0
8	408.0	87.0	93.0
9	419.0	93.0	96.0
10	430.0	78.0	90.0
平均	438.6	87.4	94.5

2. 试验项目

性能试验在制定的测试区进行，根据作业质量测定要求：每个测试区为长100m的2垄地段，随机选用5个小区进行重复试验，每10m进行1次试验并记录试验数据，取5个小区平均值。

（1）捡拾率的测定：测出试验区内带蔓花生的质量，收集所有未被机具捡拾的花生蔓，按式（9-15）计算捡拾率，并求出5个小区的平均值。

$$J = \left(1 - \frac{W_l}{W_t L}\right) \times 100\%\qquad（式9-15）$$

式中，J为捡拾率（%）；W_l为漏捡带蔓花生质量（g）；W_t为每米带蔓花生平均质量（g）；L为小区长度（m）。

（2）损失率的测定：收集试验后地面上的花生及花生蔓，将蔓上未被摘下的果摘下，并与集果装置中果壳破碎的荚果一起称重。测出集果装置中花生果质量，按式（9-16）计算损失率，并求出平均值。

$$S = W_S / W \times 100\%\qquad（式9-16）$$

式中，S为损失率（%）；W_S为损失荚果质量（g）；W为荚果总质量（g）。

（3）生产率的测定：测出集果装置中花生果质量。按式（9-17）计算生产率，并求出5个小区的平均值。

$$E = W_S / T\qquad（式9-17）$$

式中，E为生产率（kg / h）；W_s为蔓上被机具摘下的荚果（kg）；T为纯工作时间（h）。

三、试验分析及优化

样机作业质量参数为：花生收获机的捡拾率、损失率、生产率等，与之相关的样机设计参数为：机组前进速度、捡拾输送速度和输送装置的倾角。由于分析试验的指标和多个试验因素之间是多元非线性回归关系，多为曲线或者曲面的关系，所以本文采用响应面分析法（RSM）进行分析。在原有单个指标试验的基础之上，根据BBD试验设计原理，以机组前进速度X_1、捡拾输送速度X_2以及输送装置倾角X_3为3因素，试验中测定捡拾率Y_1（%）、损失率Y_2（%）以及生产率Y_3（kg / h）作为响应值。采用三因素三水平二次回归正交组合试验设计方案对影响试验指标的3个主要参数组合进行优化。试验因素与水平设计如表9-3所示。

表9-3 试验因素与水平

水平	X_1: 机组前进速度/（m/min）	X_2: 捡拾输送速度/（m/min）	X_3: 输送装置倾角/（°）
−1	45	52	22
0	50	57	25
1	55	62	28

响应面分析方案及试验结果如表9-4所示。

表9-4 响应面分析方案及试验结果

试验号	X_1	X_2	X_3	Y_1	Y_2	Y_3
1	1	−1	0	96.3	4.3	1 349
2	−1	−1	0	99.2	1.9	1 453
3	0	1	1	99.4	2.8	1 560
4	0	0	0	98.8	2.1	1 801
5	1	0	1	97.3	4.2	1 470
6	0	0	0	99.2	2.2	1 610
7	0	0	0	99.3	1.9	1 470
8	0	−1	1	97.9	2.2	1 350
9	−1	0	−1	98.5	1.2	1 480
10	0	−1	−1	97.8	2.4	1 430
11	0	0	0	99	1.5	1 840
12	−1	0	1	99.5	1.9	1 465
13	0	0	0	99.7	1.7	1 540
14	−1	1	0	99.9	3	1 390
15	0	1	−1	99.3	2.5	1 550
16	1	1	0	98.7	2.8	1 640
17	1	0	−1	97.6	3.5	1 475

　　参数优化理想的结果是在约束条件范围内尽可能选择最优的数值。优化约束条件为：

　　目标函数：$\max Y_1 (X_1、X_2、X_3)$；$\min Y_2 (X_1、X_2、X_3)$；$\max Y_2 (X_1、X_2、X_3)$

　　变量水平区间：$-1 \leqslant X_1 \leqslant 1$，$-1 \leqslant X_2 \leqslant 1$，$-1 \leqslant X_3 \leqslant 1$。

　　通过Design Expert软件计算，得到三个无量纲因素编码回归方程为：

$Y_1 = 34.785\ 8 + 1.524\ 3X_1 - 0.697\ 5X_2 + 3.664\ 7X_3 + 0.017X_1X_2 - 0.021\ 7X_1X_3 - 0.021\ 3X_1^2 - 0.050\ 9X_3^2$

$Y_2 = 46.106\ 9 - 1.069X_1 - 0.768\ 5X_2 - 0.026\ 0X_1X_2 + 0.027\ 2X_1^2 + 0.018\ 2X_2^2$

$Y_3 = -16\ 697.671\ 6 + 227.903\ 3X_1 + 284.026\ 0X_2 + 333.527\ 8X_3 + 3.140X_1X_2 + 0.166\ 7X_1X_3 + 1.5X_2X_3 - 4.084X_1^2 - 4.084X_2^2 - 8.622\ 2X_3^2$

　　式中，Y_1为捡拾率（%）；Y_2为损失率（%）；Y_3为生产率（kg / h）；X_1为机组前进速度（m / min）；X_2为捡拾输送速度（m / min）；X_3为输送装置倾角（°）。

　　由试验分析软件的显著性检验，可知捡拾率损失率主要受机组前进速度和捡拾输送速度的影响较大，受输送装置倾角的影响非常小；主要受机组前进速度的影响较大，而3个因素生产率数值都有一定的影响。绘制如下三维立体图9-19、图9-20、图9-21、图9-22、图9-23对试验进行分析。

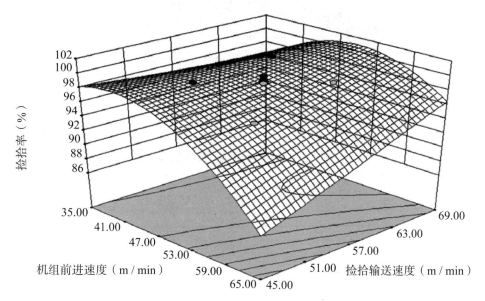

图9-19　捡拾率与机组前进速度、捡拾输送速度的三维图

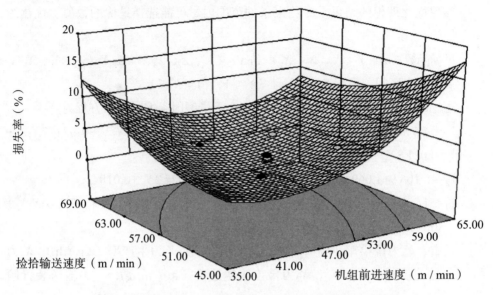

图9-20　损失率与机组前进速度、捡拾输送速度的三维图

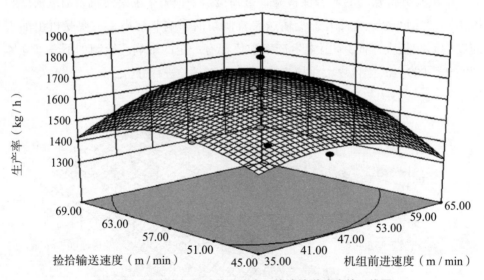

图9-21　生产率与机组前进速度、捡拾输送速度的三维图

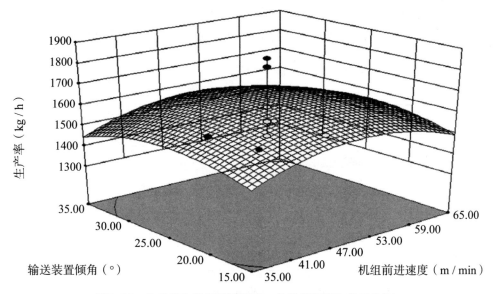

图9-22　生产率与机组前进速度、输送装置倾角的三维图

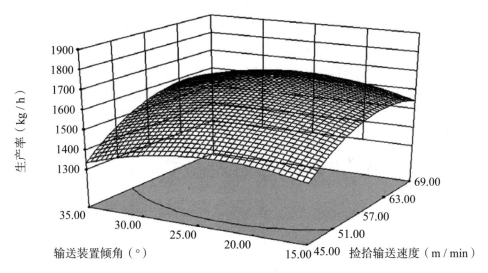

图9-23　生产率与捡拾输送速度、输送装置倾角的三维图

从图9-19至图9-23可以看出，在输送装置倾角一定的情况下，捡拾率与机组前进速度和捡拾输送速度均呈直线关系，捡拾速度过快，捡拾率就下降，机组前进速度越小，捡拾越干净，并且保证捡拾输送速度大于机组前进速度。损失率主要与机组前进速度相关，机组前进速度越大，损失率越高。生产率则受机组前进速度、拾捡输送装速度以及输送装置倾角共同影响，均呈二次曲线关系，同时机组前进速度、机组前进速度和捡拾输送速度产生的交互项对生产率

的影响较大。

通过design expert对试验参数进行组合优化，得到试验最佳参数组合如表9-5所示。

表9-5　试验参数优化

因素	编码值	实际值	捡拾率（％）	损失率（％）	生产率（kg／h）
机组前进速度（m／min）	0.042	50.21			
捡拾输送速度（m／min）	−0.056	56.72	98.67	2.15	1 594.5
输送装置倾角（°）	−0.133	24.60			

将因素的优化组合进行圆整：机组前进速度50m／min，捡拾输送速度57m／min，输送装置倾角25°，在相同的试验条件下进行试验，可以看到该机型配置合理、工作稳定、结构可靠、适应性强，花生秧的捡拾性能良好，不易使花生收获机堵塞，试验结果为：捡拾率98.7%，损失率2.15%，生产率1 594.5kg／h，结果与理论值十分接近。考虑到实际生产中存在干扰，可以认为理论值的正确性，且试验结果满足花生收获机行业标准NY／7502—2002，故在实际摘果作业过程中可以应用上述组合。

第六节　牵引型分段式花生收获机使用效果

"牵引型分段式花生收获机"设计完成后，经驻马店市农业机械化技术推广站、黄淮学院、汝南县宇丰装备有限公司、正阳县程功机械有限公司等单位联合设计样机，并参与农户实际花生收获工作进行工程可靠性试验。如图9-24所示，样机在行走速度50m／min的情况下连续运转72h，工作平稳，并未发现可靠性薄弱环节及明显缺陷，自动拾捡装置抓秧能力显著，安装捡拾指的秧果输送装置，有效解决了秧果输送无力、拥堵的现象，花生损失率小。证明该样机性能稳定，质量可靠，工作效率大幅度提高。此外，还比市场上其他花生收获机械都有一定的优势。

与自走式花生收获机相比，本样机利用农用拖拉机作为动力，节省了农机成本，减轻了农民负担，提高了实用性。

联合花生收获机与牵引型花生收获机相比，在工作过程中增加了从泥土里铲挖花生秧果的环节，因此联合作业过程中收获的是花生湿果，而湿果需要大面积场地晾晒后才能保存，否则果实很快会霉变腐烂。总之，虽然实现了联合收获，但后期的储存、管理却增加了难度。该牵引式花生收获机有效解决了这一问题。

图9-24　花生收获机样机田间实验

背负式花生收获机虽然利用了农用拖拉机动力，但收获机整体设备重量大，零件多，安装麻烦；再者农用机械较多，频繁拆装对于农民来说是个大问题。本样机直接使用牵引架与拖拉机连接，装卸方便。

牵引型分段式花生收获机，在分段收获的基础上，设计了最新型的前置式自动拾捡装置，不仅避免了弹性拾捡装置应力不足且易变形的问题。而且提升了抓秧能力，视野宽广，可以适应不同地块的捡拾收获作业；优化了秧果输送装置，解决了秧果传送过程中常出现的输送无力、拥堵的现象；创新设计了螺旋圆弧搅龙，可以对干湿程度不同的花生进行摘果；振动筛与单风道轴流式风机组成的清选分离系统，保持了较好的清选效果之外，优化了工作环境，最大限度地降低了农机作业过程中粉尘飞扬；田间性能试验结果表明，该收获机作业性能良好，能够显著的提高作业性能，其中花生捡拾率98.7%，生产率1 594kg／h，损失率2.15%，均优于行业标准NY／7502—2002，满足生产要求。

目前为止，与世界发达国家相比，我国花生收获机机械化水平相对落后，花生收获仍以人工作业为主，特别是人工采摘环节由于生产效率低，收获期长，收获量大，劳动条件差，劳动强度大，人工成本高。因此，牵引型分段式花生收获机的研制，不但成为花生收获机行业发展的一大亮点，有助于推动我国花生收获机产品的研究和开发，而且对促进农业机械化的创新与发展，对促进农民增收节支、发展农村经济具有重要的现实意义。

参考文献

傅俊范. 2013. 图说花生病虫害防治关键技术[M]. 北京：中国农业出版社.

河南省农业厅. 第六届河南省农作物品种审定委员会第10次会议审定公告.

河南省农业厅. 第六届河南省农作物品种审定委员会第2次会议审定公告.

河南省农业厅. 第六届河南省农作物品种审定委员会第4次会议审定公告.

河南省农业厅. 第六届河南省农作物品种审定委员会第6次会议审定公告.

河南省农业厅. 第六届河南省农作物品种审定委员会第8次会议审定公告.

河南省农业厅. 第七届河南省农作物品种审定委员会第1次会议审定公告.

河南省农业厅. 第七届河南省农作物品种审定委员会第3次会议审定公告.

河南省农业厅. 第七届河南省农作物品种审定委员会第5次会议审定公告.

李欣, 于景华. 2013. 花生高产栽培实用技术［M］. 北京：科学技术文献
　　出版社.

莫长秀, 左晓斌. 2012. 优质花生栽培与加工技术［M］. 北京：科学普及
　　出版社.

万书波. 2013. 提高花生品种十大关键技术［M］. 北京：中国农业科学技
　　术出版社.

王迪轩. 2012. 花生优质高产问答［M］. 北京：化学工业出版社.

朱强, 胡俊江. 2013. 现代花生产业技术［M］. 北京：中国农业大学出
　　版社.

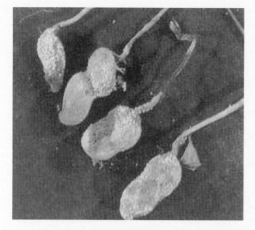

花生白绢病

花生根结线虫病

花生褐斑病

花生立枯病

花叶病毒病

花生网斑病

5HJZ-100自走式花生捡拾摘果机

4GJS-175花生收获机

2BFH-6花生起垄施肥穴播机

2BFHG-8花生旋耕施肥穴播机